U0928493

YIWENHUAREN DE ZIWO YISHI YANJIU

以文化人的自我意识研究

郭凤志 著

人民出版社

目　录

前　言

“以文化人”在古汉语中原指“关乎人文，以化成天下”，经汉语的不断发展，现主要指秉承人文思想，运用文化力量，在潜移默化的文化熏陶和滋养中，不断提升人的素养，提升生命的文明，以实现个人、国家和社会的全面发展。

中国特色社会主义正进入从站起来、富起来到强起来的新时代，中国经济发展的成就举世瞩目，但中国国民素养问题日益凸显。富裕之后的中国人怎么办？中国的硬实力增长明显但软实力增长微乎其微！中国人能否作为世界上高贵精神和品格的代表？显然，中国经济的巨大成就与人的文明程度的不匹配形成强烈反差，这些来自世界和中国人自身的诘问值得我们反思和自省，这也是一直萦绕和困扰我精神世界的一个问题。

人的问题本质上是人的文明问题，人的文明问题已然成为一个时代性课题。毫无疑问，经济的发展，生活的富足都不能自然带来人的文明水平的提高。如果经济发展了，人的文明跟不上，这也标示着发展的不完整性和不全面性。追求人的自由全面发展既是马克思主义的主题，也是社会主义、中国共产党的初心和使命。中国的文化建设一直得到高度重视，中国的高等教育已经大众化，社会主义核心价值观的培育实践也在如火如荼地推进，但是，人的文明问题仍有时呈现出来。问题出在哪里？问题又如何解决？

面对问题的反思和追问，其缘由我理解：一是由于发展的不充分性和不平衡性，全社会还没有把人的文明问题当作一个重要问题来对待，而更多地把力量用于物的建设上；二是已有的文化建设工具理性发展不足，价值理性在教育人和影响人方面存在严重不适应的问题。中国文化中有深厚的文化教化传统，当下的思想政治教育、文化宣传也可谓轰轰烈烈，但是，这种运动式的宣传教育如果不能内化为主体人的意识自觉，其对提升人的文明素质并不具有针对性和影响力。关键的问题是，文化工作很少意识到文化是争取人心的精神生产劳作，不同于经济、政治建设，它有自己的特质，这种来自社会的宣传教育必须和人的心智生活相结合，必须走进人心，必须以人的意识自觉为根本。正因为如此，在中国特色社会主义进入新时代之际，习近平总书记更加强调，应继承"文以载道，文以化人"的中国优秀文化传统，并进一步提出，文化工作"是铸造灵魂的工程，承担着以文化人、以文育人的职责"。人是一种社会历史存在，每个时代以什么"文化"、通过什么方式，把人"化育"成为什么样的人是有时代新诉求的。如何结合时代需要真正落实以文化人的新任务，这正是本书致力思考的问题。

在现代社会，在人的主体性不断增强的境遇下，已有教化方式的外在性是一个根本性问题。以文化人首先是要努力探索和挖掘人性本身内在的生命文明的可能性，激发出人自身生命文明的诉求和生命文明的行动。在中国特色社会主义新时代，以文化人要有新理念、新思路和新方法。

其一，以文化人要有新理念。以人为本相对于"以物为本""以社会为本"，这意味着思考问题价值排序的变化，要以人学为视域把人的问题放在首位，基于人的立场去思考问题。以人为本中的人是"个体"的人，是个人，侧重强调关注"个体的人"，人是目的，物和社会是条件。以人为本是在一种现实的社会与人的关系中对社会与个人地位的一种重新排序，或者是位移，它的意义在于表明，不是要以个体存在取代社会存在，而是在以文化人的理论和实践中要更加关怀人，要以人的方式来认识人和对待人。

以人的方式认识人，就要抓住人最为根本的特质——人的生命的精神性或者说“有意识的生命活动”，这也是黑格尔所说的人“自视能配得上最高尚的东西”。人性在一定意义上就是人的精神意识能动性。精神存在是人的生存标志，是人之高贵所在。正因为有精神，人才能使自己从生物性的纯粹自在存在提升出来，成为有尊严的自在自为的存在。只有人的精神自觉，才能确立人的自我意识、人格意识、自尊意识。自觉人格之意义，追求自尊，胸怀理想，不断超越，努力在生活中做一个自由自觉的人，努力塑造和提升自己的人性，并以人的方式充分尊重他人，这都是人的意识的能动性。概括地说，自我意识是人的显著特征，要想培养文明人，首先是人自身有想成为文明人的自觉意识。尊严意识属于人的自我意识，它受人的认识、态度和体验的制约。尊严程度，是一种精神特质，是外化了的人的自我意识水平，尊严体现着生命的文明。这是生命文明的基本内涵。

其二，以文化人要有新思路。文化不是自我决定的，它必然受社会经济和政治决定，它也必然为社会经济和政治服务。但是，文化的作用外向是化物，内向是化人。以文化人要在文化相对独立性意义上讨论问题，或者说仅仅追求一种“片面的深刻”。以文化人要面向人，面向人的精神世界，关怀人的精神生活，为人提供精神食粮和为人的精神世界提供终极关怀。

以文化人是个需要细致思考的新问题，如果说过去的文化教化具有宏大叙事性，那么，新时代的以文化人在宏观方向保障的前提下，要深入“毛细血管”层面更加聚焦地解决问题。以文化人的问题，应从人类自我意识的角度反思，揭示当代中国人发展中某种程度存在的自我意识迷失、自我意识自发、自我意识异化问题对人的精神成长和人的现代化的掣肘，追寻以自我意识反省、自我意识自觉和自我意识提升的人的文明化的辩证发展之路。

其三，以文化人要有新目标。提升生命的尊严度和文明度是以文化人的目的所在。从现代意义上说，以文化人其内涵就是使人成为具有“现代教养”的“现代人”，使人具有自尊自律、德性与才华、品格与品位的现代素质的能够担当民族复兴大任的时代新人。人既是对象、客体，也是目的、主体。从人的形象角度，以文化人注重的是“人的更高级的内在精神气质的形成”。

人不仅要有自尊和人格意识，还要在行为规范意义上不断进行文化修养。文化修养本质上是我们常说的修身养性的主要存在形式，包括科学修养、道德修养和艺术修养等，是以内在的素养的获得尤其是人格养成，完善人自身为目的的文化意识和文化实践活动，文化修养的过程即是把一个人从自然人变为社会人再提升为文明人的过程。在这里，文化修养的强调与一般的文化塑造人的区别在于：文化修养是个性化和自觉的过程，修养是精神的、内在的和非功利的，相对于物质的、外在的、工具性的和实用的。正如洪堡所说，修养是人“内在的成长”，不应服从于“外在的目标”，强调人的价值就在于人本身，且认为，修养提供了一种“生活规范”，有修养的国民是国家和民族兴旺发达的前提。文化修养的关键点在于个人能够自觉地将文化的获得过程转换为其内在的规范性的自我意识，提升气质和人的文明度，把文化规范内化为植根于自身的品质修养。人们不但需要一个“好”的身体（体质、体形），而且更需要一个好的精神品质，它体现人的“生命力”、人对外部世界的“态度”、人对他人的“态度”，所有这些都在人的生命存在的整个领域（日常生活、工作、交往等）中全面地展现出来。生活态度、工作态度、交往态度构成了一个人的人格特征。

人的生命文明首先要有意识自觉，但又不仅仅是一种意识，需要转化为一种行为规范，需要意识与行为的统一。康德十分明确地提出：“自律就是人的本性和任何有理性的本性尊严的根据。”尊严感则指人作为类或个体对自身尊严的意识，也即是否具有优越感和是否被他人尊重的一种情感体验，它促使人追求和捍卫自身的尊严，同时又要求避免侮辱和轻视，具有程度的差别。人格（人性）的尊严也就是指人格（人性）的崇高。作为尊严根据的自律性既然不表现为实现了的自律，而只是一种意志自律的可能性。理性的人的道德自律只是其获得尊严的一种可能性，在现实条件下，人是否具有尊严，在实践上则完全是另一回事。在如何捍卫人的尊严问题上，康德认为，基本路径是促进自身的德性提升，即拥有尊严与配享尊严是两回事。人的精神生活满足程度成为衡量人们受尊重与否的前提。

不仅如此，实现生命文明应当把实践的力量、智慧的力量、知识的力量、美的力量，以及社会生活和礼仪的力量统合为合力。

总之，文化研究，社会主导文化建设、教育发展都应把以文化人这一问题纳入视野。本书正是基于国家强起来必须是社会发展与人的发展相统一、物质强与精神强相匹配、硬实力与软实力相协调的历史唯物主义立场和整体性视野，从提升人的生命文明入手，以马克思主义的文化思想为指导，在坚持社会存在决定社会意识、并遵循文化自身发展规律的前提下，以人的发展为目的，探讨文化在提升人的生命文明，促进国家强起来的作用及其实现问题。

第一章　文化的本质与生命意义的觉解

文化研究本质上是人的自我反思活动，这种反思包括对人与物关系的审视和对人与自我生命关系的领会及觉解。文化是表征人的本质力量的概念，社会的进步和人的发展都要通过文化观念更新来引导，通过文化创造来实现。在现代社会，文化的地位和作用日益突出和重要。但是，文化在推动人类改造自然，创造物质财富中的“硬实力”作用被空前强化，而文化作为主观精神在滋养人、修养人和提升人，促使人自觉领会生命意义，觉解人生价值的“软实力”作用则被某种程度的遮蔽和遗忘，从而造成一面是物质的富裕，一面是人的精神危机。人的精神危机即人的生存意义危机，文化作为人的自我意识的理论，文化的“起点是人的主观精神对生命、生活和精神的自觉，它首先要在自然态度的生活中寻找和发现精神、意义的存在……从它产生之日起，就作为区别于自然态度生活、自然态度思维的自觉反思追问生命、生活和世界的精神意义”①。所以，人的问题本质上是文化问题，要解决人的精神危机问题，首要的是人能自觉意识到，“人若在社会中获得自由，就必须经过漫长的精神教养和思想的努力，使自己摆脱自然状态，成为普遍性的精神，与自然的理念和社会的规律与原则相统一。这是人生的使命和意义”②。

国民文化修养水平的提升，是社会个体成熟完善的重要标志，

① 孙利天：《生命领会和精神自觉》，中国社会科学出版社 2008 年版，第 192 页。

② 孙利天：《生命领会和精神自觉》，中国社会科学出版社 2008 年版，第 199 页。

是人类社会发展进步的方向，也是国家形象的整体展现。当代中国社会转型所带来的精神文明与物质文明在变迁速度上出现的“文化堕距”“文化滞后”导致的社会失范等问题相互叠加，导致的国民文化修养水平与社会发展水平不相协调的问题日益凸显。一些人国民文化修养水平的降低，既制约人的全面发展，也直接影响社会的文明程度和国家的整体形象，造成发展的不完整性。提出关注和反思人的整体素质提升诉求，体现了对西方近代以来以社会发展为核心的现代发展观和中国改革开放以来社会发展中人的问题的反省和检讨，体现了人类对自身实践行为及其后果的正当性和合理性的追问和反观。习近平同志曾指出：“经济发展以社会发展为目的，社会发展以人的发展为归宿，人的发展以精神文化为内核。人，本质上就是文化的人，而不是‘物化’的人；是能动的、全面的人，而不是僵化的、‘单向度’的人。人类不仅追求物质条件、经济指标，还要追求‘幸福指数’；不仅追求自然生态的和谐，还要追求‘精神生态’的和谐；不仅追求效率和公平，还要追求人际关系的和谐与精神生活的充实，追求生命的意义。”① 人作为文化存在物，不可能仅仅追求并满足于作为自然本性的吃、穿、住、用、行等物质层面的生活保障，人对精神文化生活的需求时时刻刻都存在，人的精神境界标示着人的发展程度，代表着人的生存层次和生存品位。人的精神境界高低是衡量人的生命质量和社会发展程度不可或缺的尺度，是决定社会和人的发展是否达到高阶性的关键性标准。人的发展的滞后性必然拉低整个社会发展的水准。

人的问题成为当代学术研究的一个重要前沿性问题，既有其迫切的实践背景又有其深刻的理论缘由。

在中国特色社会主义进入新时代之际，习近平总书记更加强调，应继承“文以载道，文以化人”的中国优秀文化传统，并进一步提出，文艺等文化工作“是铸造灵魂的工程，承担着以文化人、以文育人的职责”。这既是对近代以来西方占统治地位的理性主义传统的扬

① 习近平：《之江新语》，浙江人民出版社 2007 年版，第 150 页。

弃、对西方文化中心主义的批判，也是对关注人生、人性、人本及其意义的人文文化的肯定和特殊观照。那么，新时代“以文化人”应具有怎样的新的时代内涵，以文化人应当秉持怎样的指导思想和实践观念？以文“化人”即以“文化”化人，而人是什么？文化是什么？以什么文化化人？以文化如何化人？化人的什么？中国特色社会主义新时代对以文化人提出了怎样的新要求等问题是需要首先澄明的理论前提问题。由于人之高贵之处在于人的精神能动性和创造性，研究人的问题必然要把研究视角转向人和体现人的精神的文化领域，深入到人的观念变革之中。人是文化的主体，只有理解人才能理解文化，文化是人的存在方式之一，在这个意义上，只有理解文化也才能够真正理解人。人是文化的主体也是文化的主题，文化是人的自我理解、自我反思、自我意识的一种存在形式，文化发展本质上追求的是人的精神境界的不断提升、人的自我意识更加自觉和成熟，文化之所以必要及文化的核心问题都是要解决人的生存意义问题。文化与人的关系的内在一致性表明，文化和人是相互建构的，文化是提升人的素质的主要途径。但是，现实中由于一些人对文化本体认识不清，对文化的工具性价值过度推崇，对文化的目的性价值的轻视，对文化提升人的素质的时代迫切性认识不足，导致文化实践中“以文化人”定位不准、路径不明、效果不佳甚至“以文化人”缺位的问题。可见，以文化人作为文化哲学的理论问题已然成为一个时代性课题，而文化作为文化研究中的对象、核心范畴、基本概念和研究前提是需要首先进行理论辨析和理论阐释的。

社会存在决定社会意识，时代变化的背后更为深刻的嬗变是人类文化精神的变迁。深刻的社会历史变革，一定伴随着人类精神的重大转折。经济的变革为政治和文化的变革提供了基础，但是，比起经济和政治的变革，文化的变革是更为深层次的、内在的变革，也是更为重要和艰难的变革。因为文化之变是人心之变、人的精神之变，是人的存在方式的根本改变。这种变革外显于社会的进步、内隐于人的观念更新和价值观变迁，其实质关乎人性和人的精神成长、成熟，这需要高度的文化自觉意识的推动，需要以文化智慧指导实践状况的改善。文化是人类智慧的结晶，智慧是一种文化素养，既包括知识能力、思想能力，也包括人文活动能力。德谟克里特认为，智慧生出三种果实：善于思想、善于说话、善于行动。文化智慧统摄人的思想和行为，人的成长和生命的延续从根本上是一个文化问题，“人没有文化也将是虚无”。社会变革和发展从低阶走向高阶，文化问题和人的问题日益凸显。人的精神文化世界虽然有社会生活和文化生活的基础，但是，个人的内在精神世界与现实的社会和文化传统也不是简单的对应关系，而是有着内在的独立性和丰富内涵，解决人的精神世界的问题，首先需要一种思想智慧，最主要的是需要一种文化意识的自觉。在这个意义上，解决文化问题的关键在于把文化研究引向文化意识的回归，以文化的方式解决人的问题。所谓以文化人的问题，应从人类自我意识的角度反思，揭示人的发展中某种程度存在的自我意识迷失、自我意识自发、自我意识异化问题对人的精神成长和人的现代化的掣肘，追寻以自我意识反省、自我意识自觉和自我意识提升的人的辩证发展之路。在中华民族伟大复兴的历史征程中，反思中国人精神成长的历程和发展前景，解决前进道路上的问题，使中华民族在经济强大的同时，国民的精神气质和文化素养得到明显提高，我们才能在文化上更成熟和更加文化自信。

“文运同国运相牵，文脉同国脉相连”，每当社会发生重大转折时，文化选择都会成为引导人类社会向何处去的引擎和启蒙意识。近代以来的中国，对文化问题的讨论始于20世纪20年代，面对封建制度的腐朽衰落，在探讨中国出路问题中文化问题被提上日程。五四运动时期，面对中国的贫弱与落后，新文化运动发出了时代的先声，其主题是“人”的唤醒与个性解放，以揭出病苦，引起疗救，不惜刺痛国民的神经，以唤醒麻木的灵魂。那时，由于中国的物质基础和政治基础的薄弱，文化革新问题也只能停留于精神谋划层面而对社会没有实质性改善。20世纪80年代以来，随着中国现代化进程的再次启动，面对深刻的社会转型，社会发展问题、文化问题、人的问题和价值问题成为学术热点问题。现代化的核心问题是发展问题，要发展必须激发人的积极性和创造性，发展必须依靠人，现代化使人的主体、主观因素在社会发展中的意义急速增长，同时，在现代化发展中也提出了一系列与人有关的重大现实问题。现代化需要什么样的人？人以怎样的理想和信念在推动社会发展时使人获得应有的发展？人作为主体和作为目的的关系、人与物的关系、人的物质生活与人的精神生活的关系以及人性等问题都一再被聚焦。如何发展，怎样更好地发展本质上取决于人的文化理念和文化选择，选择的优劣必然涉及价值问题。也就是说，中国社会主义现代化视域下文化建设问题的本质和核心是提高国民素质，使人获得完整发展，以改善和提高人的美好生活水平和人的生命质量为目的。人的主体性问题只能在文化和价值的意义上得到阐释和说明，价值、价值观问题是文化最为深层次的问题。当然，文化价值性选择是以尊重客观性为基础的，但这不是否定主观性而刻意强调客观性，“而是经由这种主观性去发现它植根其中的现实基础并从而通达历史之客观意义所在”。因为“对于历史事物之真正的客观阐释来说，它必须（而且首先必须）将人的主观意图包含在自身之内”。所以，中国现代化过程中凸显的社会发展问题、人的问题、文化问题和价值问题本质上是中国现代性总问题的不同方面，但是，在这些问题中，人的问题是核心问题，中国特色社会主义现代化的性质决定了人的发展是中国现代化的最高目标。现代化不仅是物质的现代化，更重要的是人的现代化，如何以文化塑造具有现代性的国民是当代中国社会主义现代化发展面临和要解决的最高问题。

从文化的角度看，人的任何行为之所以有别于动物的根本特征之一就在于其行为背后有强大的思想运动，有一定的文化支撑。人的行为无论是过程还是结果，都在文化视野的关照之下，都在意义和价值的笼罩之中。人是一种文化存在，文化是人的生活方式。在这个意义上，人的素质在某种程度上说重要的是人的文化素质。人作为一个生命存在者，其能动性、本质力量和价值性主要包括以下内涵：“第一，他自身的身体成长和精神成长。”从文化上讲一个人的存在既有身体成长，也有精神成长。我们一切的教育在于促进个体的社会化和使自我成长。人怎么才能成为一个负责任的个体呢，重要的一点是人要有一个精神成长过程，首先要成长为一个合格的公民，既能意识到自己的需求，又能意识到自己的责任，而我们现在的教育恰恰缺乏责任养成这样一个维度。在这个根本问题上，我们始终没有转型，忽略了个体自身应该具备一个什么样的精神结构才能达到社会所要求的人。当一个人的心智没有成长到一定的程度，意识不到自己是一个独立的人要对自己负责任的时候，你让他做任何事情，他要么盲从，要么否定和排斥。那什么是独立呢？可以理解为经济独立，也可以理解为精神独立。如一个大学生离开父母独立上大学，年龄会逐渐增长，但是你的精神是否独立了？你的精神有没有成长？有没有意识到你作为一个大学生、作为一个独立的个体自己的事情要自己承担的问题？现在我们讲精神成长的问题十分重要，某种程度上说，身体成长是一个自然而然的过程，但是精神成长是一个自觉培育的过程，大学在很大程度上是提升个人存在的文化内涵和文化价值，培养人的这种精神成长和精神独立性。“第二，他在其社会生活中的时空‘位移’。”人的一生，从文化意义上其成长过程表现为时空的不断变换，如从乡村到城市、从国内到国外、从中学到大学、从大学到新的工作岗位、从学生到教师再到管理者，等等，这些“位移”实质是一种文化环境背景和文化材料的变迁，它对于人的精神成长意义重大，因为“人总是以文化的面貌和形体来‘代替’自然的面貌和形体”，毕竟环境改造人是第一位的。“第三，他处于各种交往中的不同的‘身份’和面目。”人的本质在其现实性上是多种社会关系的总和，在所有社会关系中，经济关系是最本质的关系，一个人的“工作”或“职业”是其主要社会角色，而其“职业”赋予人的社会角色和作为职业所具有的“精神气质”客观上反映着其心智成熟和精神成长状态。当然，人的社会关系是多样的，人的社会角色也是多样的，把握人的精神状态和格次要从总体上把握。身份的问题是一个十分重要的问题，判断一个人的身份与判断一个人究竟怎么样，很难从一个角度得出结论，我们一定是从一个人的所有社会关系中呈现出来的大致综合表现来判断一个人。所以一个人的身份内涵就等于其社会关系之真，这也是我们要注意的一个问题。我们在讲一个人是个体存在、社会存在还是类存在的时候，实际上都是在讲人的各种属性中更偏重于哪一种存在，在强调偏重一方时，我们应该看到他同时兼有其他的属性。“第四，他的精神生活同实际生活的同构性与非同构性。”这实际是人的活动的精神性与实践性的关系问题，人的精神世界是一个充满矛盾和极其复杂的结构状态，一个人的真正人格是他内在的精神状况，而外在的言行只是其内在的精神状况的外显，但实际情况却极其复杂，讲人对自己的认识问题，有一个很复杂的问题就是人的表和里之间的关系问题、言行关系问题，从文化意义上讲求真的问题还要求善于处理人的心口、心手和心面之间的关系问题，怎么能从内在一致的角度来判别人的问题，这个人们都有相同的感受。有的时候远离你的人可能在远处默默关心着你，而和你走得很近的人并不见得和你是真心相处的人，可能带有很强的功利性，这就是我们通常所讲的不一致性的问题，所以识别人是一门最难的学问。人没有办法抽象地去判断，判断一个人必须在事情上去判断，在相处当中以及实际发生事件当中来判断一个人，判断一个人一定是长时段的，而不能凭借一时一事就判断一个人怎么样。需要我们以长时段和多层面的视野对一个人的文化精神状态作出评判。“第五，人的内心精神的自我冲突。”① 人本身就是一种矛盾的存在，肉体与精神、物质与意识、感性与理性、个体性与社会性等，人的精神的矛盾性是人的存在矛盾性的一种反映和能动地平衡谋划。从结论的意义上讲，一个人的成长和生命的延续是一个文化的问题，文化哲学要告诉人们的就是文化对于人的成长的一种自觉的介入。

同时，在今天谈论文化问题还有人学的意义，即在中国从富起

---

① 参见李鹏程：《当代文化哲学沉思》，人民出版社 2008 年版，第 194 页。

来到强起来的今天，世界对中国人的精神品质有了更高的期待和要求，而现实是中国在物质上崛起的速度之快与国民精神发展相对滞后形成强烈反差，一度在国际上出现的有钱没修养的“暴发户”形象和国内有钱没文化的“土豪”形象都是对当下中国国民素质突出问题的一种折射。而“文明的危机，这危机来自我们的精神生活的解体……当所有一切都归结为生活利益的目的性时，关于整体之实质内容的意识便消失了。”① 国民素质问题格外突出和尖锐的显示，迫切需要我们以文化自觉的意识进行自我反思、自我追问、自我觉醒和自我理解，人该如何做和做什么，文化如何发挥化人和育人作用，这都取决于在文化自觉的意义上人如何认识自我，即“人是什么”和“人应怎么做”这一人的本体问题。现代人大多数问题的产生，都与不了解和认识人的本性有关，与消解人的精神生活有关。“文化在哪里？文化首先在于，对个人和集体而言，生存斗争缓和了。创造尽可能繁荣的生活关系是这样一种要求：不仅它本身就必须被提出来，而且为了个人在精神和道德上的完善，即文化的最终目的，也必须被提出来。”②

国民素质高低标志国家实力强弱，人力资源是国民财富、国家强弱的终极基础。把塑造具有现代精神气质的人作为文化建设的目标，就要研究如何以文化方式塑造党的十九大提出的“培养担当民族复兴大任的时代新人”任务的文化建设内容和可行路径。提高国民素质就要注重“唤醒尊严意识，提高国民修养；弘扬为人之道，提高人格素养；弘扬群体观念，树立社会责任和历史使命感”等核心素质的精神文化养成。

中国文化的问题之一是轻视精神性，这也导致了实际生活中人们对精神文化的忽略。关键的问题是，恰恰是内在的精神素质把人区

① ［德］卡尔·雅斯贝斯：《时代的精神状况》，王德峰译，上海译文出版社 2003 年版，第 90 页。

② ［法］阿尔贝特·施韦泽：《文化哲学》，陈洋环译，上海人民出版社 2013 年版，第 61 页。

分出庸俗与高贵，而灵魂的高贵就是做人的尊严，做人的原则。对精神的独立价值是否认同？对人之为人的精神性是否有足够的敬畏和严肃态度，确实关乎中国人的精神面相乃至整个民族的精神面相和精神气质，关乎中国人及民族的尊严问题。这对于中国人一贯重实用的文化传统和国民的实用性品格而言都是一个巨大挑战。中国人对精神关切的程度之弱，往往导致在社会生活和人的世界中没有精神价值的独立地位，导致精神文化建设无比困难。精神文化建设的核心是对精神价值的尊敬，承认精神有物质不可比拟的神圣价值和不可用物质尺度来衡量的独立价值。与人的生物性欲求相比，文化更看重人的精神品格，人的精神品格是人的尊严所在。每个人都应不只是把自己当作一种生命存在，更应把自己当作精神性存在、当作具有独立人格的人加以尊重，在任何情况下不能丧失人的尊严和人格。同时，每个人也要把他人当作精神性存在、当作独立人格的人加以尊重。我们的文化传统中缺少尊严这个极其重要的概念，自我尊严意识的缺失是产生“富而不贵”现象的重要原因。

文化的最高目的是以人为本，文化是“人化”，既“化物”也“化人”，最终是达致“灵魂高贵”和“人之尊严”的“为人”之高阶境界。文化就是人的尊严的显示，也是人达到更高水平人类尊严的道路。研究如何以文化方式培育人的尊严意识和提升中国人的尊严度，研究文化在提升人的尊严中的作用及实现方式是当前文化建设的重要任务。

提出以文化人的任务并不是问题的结束，而恰恰是问题的开始。理论上的明晰是实践展开的条件。文化概念含义的确定是所有文化问题的前提。文化一词可以说是一个人人熟知但并不真知的概念，多种多样的文化概念模糊之处大大多于它所昭示的东西。关于文化问题的讨论人们理解上的种种差异、分歧尽管有多方面的原因，而对文化概念的认识在理论上尚缺少必要的共识，则是其首要原因。因此，需要对文化概念等涉及文化问题的基本理论前提问题有较为确定性的界定，以为本书接续的讨论提供基本遵循。

第一节　文化概念的多维理解

亚里士多德指出，要理解一件事，必须研究它的起源。文化的起源问题，并不是一个孤立的问题，它首先是与文化是什么、即对文化现象和本质的认识相联系。

一、文化概念词源考

词的真实意义从其词源考察角度可以获得一种原初的本性解释。在古汉语中，“文”字的最早意思是一种在物上“刻纹”后形成的“纹理”“修饰”，汉字的“文”最初就有符号的意思，也具有美好的意思。在“文”的使用和发展中，文的内涵逐渐丰富，“文”既有动词的词蕴也获得了名词之实。在动词的意义上，其一，“文”是一种打记号的活动，既然是“记”它就是人的“有意”而为之的活动；其二，这种活动是为了追求美好，使自然之物发生变化变成“属人的”存在。在名词的意义上，从“文”字引申出的含义有二：其一，“文”指各种文物典籍、礼乐制度；其二，指人的个体修养和内涵等，与自然本性相对。《论语》中所说的：“质胜文则野，文胜质则史，文质彬彬，然后君子”，其含义是指“质朴胜过了文饰就会粗野，文饰胜过了质朴就会虚浮，质朴和文饰比例恰当，然后才可以成为君子”。“文质彬彬”指人的文采和实质配合适当，形容气质温文尔雅，行为举止端正，文雅有礼貌。（明）刘基《梅颂》中有：“文质彬彬，德之仪兮。”（清）刘宝楠《论语正义》有：“礼，有质有文。质者，本也。礼无本不立，无文不行，能立能行，斯谓之中。”由此可见，“文”字在汉语中蕴含丰富，具有多维含义。

“化”，古字为“匕”。甲骨文，从二人，象二人相倒背之形，一正一反，以示变化。“化”的本义就是变化，改变、变革、革命之意。《玉篇》里说：“化，易也。”“易”就是“变化”的意思。依据文言文格式，“从”和“由”分别解释为“从……而来”“由……而来”。整个句子可译为物之生从化而来，物之极由变而来，即新事物产生的过程，也就是“化”的过程。如《庄子·逍遥游》里说：“北溟有鱼，其名为鲲，……化而为鸟，其名为鹏。”这主要是指“鲲”的造化、改易，意思是指事物渐渐地发展过程，称作“变”；事物从有到无，突然发生，叫作“化”。在大多数文献中，“化”字表达的就是造化、改易，指事物形式和性质的改变。后来，“化”也引申出教化之意。《文化解字》中说：“化，教行也。”

最早把“文”与“化”作为合词使用的出自《易·贲卦·象传》中，“观乎天文，以察时变；观乎人文，以化成天下”。这里一方面把“人文”与“天文”相对照，另一方面又将“人文”与“化成天下”相关联。即，要使天下（即社会）得到教化，趋于完善，人文因素是不可或缺的。意在强调人文发展无法脱离社会实践，社会进步不能忽视人文因素。

从古汉语中“文化”一词的辞源学意义，我们不难看出，中国上古时代是在“文治教化”的意义上使用“文化”一词的，其中文化概念侧重和阐释的是其精神内涵。后来人们使用文化概念大都取“文治教化、文德昌明”之义基本也是沿袭了这一传统。

西方语境中的“文化”一词最早起源于拉丁语中的cultura，原义是“种植、耕作和植物培育”，主要是耕作土地、饲养家畜、种植庄稼、居住等，这类活动是人类为获得适当的生存环境改造自然的最初尝试。从拉丁语中发展而成的德语文化概念和英语文化概念最早也都含有类似的意思。因此，英国现代学者伊格尔顿明确指出：“文化最初指的是一个全然的物质过程。”① 后来文化被引申到精神领域，有修养、教化、听从教导等意义。文化因此也有“文明的、开化的”“谦恭、礼仪”等义，特指那种脱离了野蛮蒙昧的文明状态。

从西方语言的词源考中，我们可以归纳出西方关于文化的两种

① Terry Eagleton, *The Idea of Culture*, Blackwell Publishers, 2000, p.1.

基本理解：其一，文化是“化物”的活动。文化是人对自然事物的“改造”“改良”和“优化”，以使这种改变有利于人类生存和发展；其二，是“化人”的活动。人以文化对人的生命自身进行修饰和优化，通过“修炼”“教化”“培育”和教育等文化活动，改善人的品格，“优化”人的生命品质，使人脱却野蛮、粗俗和愚昧，更文明、更有教养、更智慧。在以人为文化主体的意义上，化物与化人应该是统一的过程，比较而言，“化物”对人具有工具意义，“化人”和优化人的生命存在具有目的意义。

从文化的意义上看，自古希腊以来，追问人性，寻找自我，定位人生，一直都是西方文化的主题。“认识你自己”，追问人生的来历和身份，是每一个时代思想家们的主导性思想动机。

综上所述，我们从词源学的角度，从中西两条路径考察了文化一词的起源，其目的在于从文化的原初之意获得对文化内涵理解的一个视角和启示。总体看，从起源的意义上，中国的文化概念和西方的文化概念的含义都是从生活功能意义上去创造和理解的。西方的文化概念获得了化物和化人的两大功能定位，但是更偏重文化的化物功能；中国文化概念的化人功能被强调的更明确，而化物功能处次要地位。这是导致西方和中国近代以来文化发展出现不同偏重的一个重要认识论原因。

二、关于文化定义的界定和理解

研究文化问题，需要一个关于文化的定义。定义本身会提供一个有力的思维方向。对定义的扩展性发挥是任何研究遵循的探求路线和有效办法。

（一）从类型上梳理文化定义

近代以来，西方文化的发展过程中，文化是沿着两条分裂主义路线推进的：第一，由于商品拜物教的出现，科学主义的盛行，“知识就是力量”价值观的取向，使主智主义成为西方文化主旋律，在科学主义视域中人被遮蔽和遗忘。第二，作为同科学主义相异趣的人文主义也渐成潮流。17 世纪的德国思想家普芬道夫指出，人修养他们自己的生物本性是一种应尽的责任，“自我修养对于人类来说是必要的。”① 他还认为，文化作为人自我修养和自我完善的理论，应在现实生活关系中加以探讨。文化就是人的尊严的显示，同时，也是人类达到更高水平的人类尊严的道路。18 世纪的卢梭在《爱弥儿》中强调了对人进行教育、教化的重要性，指出：“人们通过耕作培育植物，通过教育培养人才。”

西方人真正对文化问题的学术讨论起始于 19 世纪中叶，一些思想家开始把理性探究的目光从自然界转向人类生活的深层结构文化层面。学术界一般认为，1871 年英国文化人类学家爱德华·泰勒在《原始文化》一书中最早地提出和使用了关于文化的概念，他认为文化是“包括全部的知识、信仰、艺术、道德、法律、风俗以及作为社会成员的人所掌握和接受的任何其他的才能和习惯的复合体。”②19 世纪，德国唯心主义思想家高度肯定了人的精神文化价值和作用。他们把人的主体性看作是人的精神的自由活动，文化被看作是人自身的某种本质力量，文化是人的生命存在的活力。康德给文化下的定义是：“有理性的实体为了一定的目的而进行的能力之创造。”在黑格尔看来，人的整个生命存在就是在现实世界精神的自我升华的教化或文化的过程。20 世纪西方的一些思想家继续关于文化对于人的生命存在精神价值的探讨，在人文主义思潮内部形成了“精神是人的生命存在的基本价值”的共识。

之后，关于文化的定义繁多起来。到 1952 年，美国文化人类学家克鲁伯和克拉克洪在其文化研究著作《文化：概念和定义的批判性回顾》一书中，总结了近 80 余年内形成的关于文化的定义，梳理出 160 多种文化定义。他们用近 27 页的篇幅陈述已有的 160 多种文化

① ［德］塞缪尔·冯·普芬道夫：《自然法与国际法》第 2 卷，罗国强、刘瑛译，北京大学出版社 2012 年版，第 168 页。

② ［英］爱德华·泰勒：《原始文化：神话、哲学、宗教、语言、艺术和习俗发展之研究》，陈树声译，广西师范大学出版社 2005 年版，第 1 页。

定义。提炼出有代表性的文化定义依次是：(1) 一个民族的生活方式的总和；(2) 个人从群体那里得到的社会遗产；(3) 一种思维、情感和信仰的方式；(4) 一种对行为的抽象；(5) 一种关于一群人的实际行为方式的理论；(6) 汇集了学识的知识宝库；(7) 一组对反复出现的问题的标准化认知取向；(8) 习得行为；(9) 一种对行为进行规范化调控的机制；(10) 一套调整与外界环境及他人的关系的技术；(11) 一种历史的积淀物；等等①。而且他们把160多种文化定义分为七种类型，其中有四种角度对文化的划分至今仍然有借鉴意义。

第一种类型属描述性的文化定义，这是一种把文化的具体存在形式采用列举式陈述的方式界定文化的方法。如泰勒认为，文化或文明是一个复杂的整体，它包括知识、信仰、艺术、法律、伦理、道德、风俗和作为社会成员的人通过学习而获得的任何其他能力和习惯。我们分析这一文化定义，其优点在于，在人们初识文化时，容易使人们对抽象的文化有一个较为具体的把握。其问题在于，文化定义是需要从特殊提炼出普遍和一般的规定性，列举式只是认识文化概念的初级阶段，把握文化的本质还需要理性思维的概括及思想的凝练。

第二种类型属历史生成性的定义，强调文化概念是在历史时间中生成和发展的，如帕克和伯厄斯认为，一个群体的文化是指这一群体所生活的社会遗传结构的总和，而这些社会遗传结构又因这一群体人特定的历史生活和种族特点而获得其社会意义。亨廷顿认为，我们所说的文化是指人类生产或创造的，而后传给其他人，特别是传给下一代人的每一件物品、习惯、观念、制度、思维模式和行为模式。这一视角的文化定义重视文化传统对于人的生活的影响，强调了文化时间的重要意义。但是，这一文化定义的问题是太过于宏观和抽象。

第三种类型属行为规范性的定义，如威斯勒认为，某个社会或部落所遵循的生活方式被称作文化，它包括所有标准化的社会传统行

① 参见［美］克利福德·格尔茨：《文化的解释》，韩莉译，译林出版社1999年版，第5页。

为。部落文化是该部落的人所遵循的共同信仰和传统行为的总和。这一定义是从文化功能角度对文化做出的规定。

第四种类型属心理性的定义，如斯莫尔认为，“文化”是指某一特定时期的人们为试图达到他们的目的而使用的技术、机械、智力和精神才能的总和。“文化”包括人类为达到个人或社会目的所采用的方法手段。这一定义注重了文化的精神特性。

20 世纪中叶以后，符号—文化学派在西方兴起。德国文化哲学家卡西尔则提出“人是文化的动物”的命题，指出文化的最高目的在于“作为一个整体的人类文化，可以被称作人不断解放自身的历程。”① 兰德曼认为，文化是人的“第二自然”，并提出“人是文化的存在”“人是历史的存在”“人是传统的存在”和“人是社会的存在”四种文化理论论题。

克利福德·格尔茨认为，他本人比较认同马克斯·韦伯的观点，即人是悬在由他自己所编织的意义之网中的动物。在此基础上，克利福德·格尔茨指出：“所谓文化就是这样一些由人自己编织的意义之网。因此，对文化的分析不是一种寻求规律的实验科学，而是一种探求意义的解释科学。”② 文化“是一个总管行为的控制机制——计划、处方、规则、指令”即程序，人“极度依赖于超出遗传的、在其皮肤之外的控制机制和文化程序来控制自己的行为”。与自然遗传的动物本能程序不同，文化是通过社会传递的人为程序。人类文化程序借助于人为的符号，来表达、编制、交流、传播、实现或对象化。“当文化被看作是控制行为的一套符号装置……据此我们将形式、秩序、意义、方向赋予我们的生活。”③ “文化模式——宗教的、哲学的、美学的、科学的、意识形态的——是‘程序’，它们为组织社会和心理过程提供了一个模板。”④

① ［德］恩斯特·卡西尔：《人论》，甘阳译，上海译文出版社 2013 年版，第 389 页。

② ［美］克利福德·格尔茨：《文化的解释》，韩莉译，译林出版社 1999 年版，第 5 页。

③ ［美］克利福德·格尔茨：《文化的解释》，韩莉译，译林出版社 1999 年版，第 65 页。

④ ［美］克利福德·格尔茨：《文化的解释》，韩莉译，译林出版社 1999 年版，第 259 页。

上述关于文化定义类型的梳理，我们不难看出，对文化认知角度不同，可能会对文化有不同的理解。但是，任何单一的角度又都具有片面性，或只是一种片面的深刻，关于文化的定义是需要进一步从学科视域融合的意义上进行整合的。

（二）马克思的文化观

马克思恩格斯著作中虽然没有大量直接使用文化概念，也没有给文化概念作出明确的界定，但其著作中却蕴含着丰富的文化思想。关于社会的精神生产理论、社会意识尤其是社会意识形态理论等本质上都是与文化问题同质的问题，只是理论偏重不同；而关于道德、宗教、文学、艺术等文化具体形式的论述则为我们理解文化概念的一般本质提供了丰富思想。这些思想为我们理解文化问题提供了唯物史观的基本原则、实践性生成路径，确定了在社会生活和社会结构中理解文化问题的崭新视域。

首先，马克思恩格斯确认了文化产生存在的物质生产基础。马克思恩格斯在《德意志意识形态》中明确地以现实的人为文化理论逻辑基点，从“现实的个人”“他们的活动”和“他们的物质生活条件”这些经验前提出发，对社会意识依赖于社会存在的原理作了深刻而简明的概括：“意识在任何时候都只能是被意识到了的存在，而人们的存在就是他们的现实生活过程”，“不是意识决定生活，而是生活决定意识。”① 这一原理把对文化现象的说明从唯心主义的迷雾中解脱出来，不仅为考察和描述人类文化和历史找到了现实的前提，也确立了文化理论的唯物主义解释原则。

马克思恩格斯文化理论的重要特点之一是其确定了文化的实践生成性。马克思恩格斯把文化看作人类实践活动中一种生成的、未完成的存在。他们把人类的实践活动看作是一切认识活动和文化得以产生和发展的前提，看作是“第一个历史活动”，并认为这是“首先应当确立的前提”。马克思恩格斯认为，人类改造世界和改造人本身的

① 《马克思恩格斯选集》第1卷，人民出版社2012年版，第152页。

活动是文化的源泉和基础。

物质资料的生产是人类生存和发展的基本条件，也是文化产生和存在的基本的、初始的条件。在物质资料的再生产中，也再生产着文化本身。马克思指出："在再生产的行为本身中，不但客观条件改变着……而且生产者也改变着，他炼出新的品质，通过生产而发展和改造着自身，造成新的力量和新的观念，造成新的交往方式，新的需要和新的语言。"① 因此，人的文化发展及其形态的变更是随着人类生产实践的发展而不断处于生成变化之中。这就直接彰显了人通过自身的活动来创造文化以及文化的不断生成过程。

在确认文化发展最终根源和现实基础的同时，马克思恩格斯阐发了文化自身发展的内在逻辑。他们认为，精神文化一旦"摆脱世界而去构造'纯粹的'理论、神学、哲学、道德等等"②，就具有了自己鲜明的性质和特征、自己的存在方式和发展规律亦即自身发展的内在逻辑。而且，每一代的思想资料在世代相继的人们的头脑都经历了一个意识整合过程亦即"在思维中表现为综合的过程"，这就形成观念的把握存在的过程中特定的历史联系，就使精神文化生产活动表现出自身发展的历史外观。

以唯物史观为基础确认文化地位是马克思恩格斯文化理论的本质所在。唯物史观视域就是在社会生产和社会结构中把握文化问题。马克思曾经指出："要研究精神生产和物质生产之间的联系，首先必须把这种物质生产本身不是当作一般范畴来考察，而是从一定的历史的形式来考察。例如，与资本主义生存方式相适应的精神生产，就和与中世纪生产方式相适应的精神生产不同。"这表明，文化是标示社会形态结构的概念，它从精神生产的角度来表明社会的构成。马克思还认为，文化总是一定社会生活整体结构中的文化。他在《〈政治经济学批判〉序言》中指出："这些生产关系的总和构成社会的经济结

① 《马克思恩格斯全集》第30卷（上），人民出版社1995年版，第487页。

② 《马克思恩格斯选集》第1卷，人民出版社2012年版，第162页。

构，即有法律的和政治的上层建筑竖立其上并有一定的社会意识形式与之相适应的现实基础。”① 马克思虽然没有使用文化的概念，但实际上把整个社会系统在结构上解析为三个相互关联的结构——社会的经济结构，法律的和政治的上层建筑，作为社会意识形式包括意识形态在内的文化结构，从而揭示了社会运动的内部机制。意识形态产生和发展的历史，尤其是作用的历史像自然历史过程一样，在阐释人类历史的进步机制中得到了合理的说明。

意识形态是阶级社会中的主流文化，其产生是以社会分裂出对立的阶级作为前提的。由于阶级社会地位的不平等，不同阶级在阶级实践中产生的阶级意识在社会现实中也是不同的。马克思恩格斯指出：“统治阶级的思想在每一时代都是占统治地位的思想”，“支配着物质生产资料的阶级，同时也支配着精神生产资料，因此，那些没有精神生产资料的人的思想，一般地是隶属于这个阶级的。”② 由此可见，一定社会历史时期的意识形态就其本质和主要倾向而言，总是表征着统治阶级的思想。占统治地位的思想不过是占统治地位的物质关系在观念上的表现。统治阶级不仅是物质生产的支配者，作为思维着的人，他们还是精神生产的控制者，调节着自己时代思想的生产和分配。因此，在阶级社会中，主流文化只能是统治阶级的阶级意识。不仅如此，恩格斯还进一步论证了文化的价值，他指出：“文化上的每一个进步，都是迈向自由的一步。”③

毛泽东坚持和发展了历史唯物主义立场的文化观，他认为：“一定的文化（当作观念形态的文化）是一定社会的政治和经济的反映，又给予伟大影响和作用于一定社会的政治和经济；而经济是基础，政治则是经济的集中的表现。这是我们对于文化和政治、经济的关系及政治和经济的关系的基本观点。”④ 毛泽东还特别强调，我们讨论中国

---

① 《马克思恩格斯选集》第 2 卷，人民出版社 2012 年版，第 2 页。

② 《马克思恩格斯选集》第 1 卷，人民出版社 2012 年版，第 178 页。

③ 《马克思恩格斯选集》第 3 卷，人民出版社 2012 年版，第 492 页。

④ 《毛泽东选集》第二卷，人民出版社 1991 年版，第 663—664 页。

文化问题，不能忘记这个基本观点。

可见，马克思恩格斯和毛泽东，对文化的理解都是将文化置于社会结构和社会生活中把握，强调文化与社会经济、政治的关系。这将成为我们今天认识文化问题所要秉持的基本立场。这一立场的意蕴在于，文化发展以一定社会的经济基础和政治基础为前提，文化从来不是自我决定的，而是受社会的经济、政治所决定和影响。文化建设需要一定的客观物质条件支撑，在当代，文化建设的条件和基础是当代中国社会经济的崛起和政治的强大。

唯物史观的文化理论提示我们，在谈论以文化人问题时要坚持两个基本原则：其一，从人与社会和世界的辩证统一关系中去思考人与文化问题。不能片面地去追求人本身的“文化”，也不能窄化理解“人化”，要在人与社会、人与世界的关系和谐的视野中思考人与文化的关系问题。要反对单纯的自然主义，也要反对单纯的人文主义。不仅如此，历史唯物主义还明示于我们，世界观和生命观问题就是人的生命意志对待人自身和其他生命意志的行为问题，文化的第一事实不是“我思固我在”，而是更为真实的和普遍得多的“我是要求生存的生命，我在要求生命的生存之中”。其二，要从意识与行动的统一中审视人与文化的问题。文化虽然是一种精神性活动，但是文化意识在某种非实在的活动中，它的意义和价值恰恰在于它的活动指向和目的仍然是实在性的行动。这意味着，以文化人的命题既不是主观的“纯思”产生和设计的，也不是“无思”的本能行动，而是文化活动本身在其文化的生命存在过程中的“身”与“心”的统一，即文化世界的生成、人的身体性的生成、人的意识的生成是个共时态的一体化过程，人的意识与人的行动是互构的。

（三）文化定义的总结概述

统观以上所述，关于文化概念定义的多义性，是导致在文化问题讨论中概念使用混乱的主要原因。另外，学科背景不同和学术视域不同对文化的界定肯定不同，不同学科都有自己的文化概念。20 世纪 80 年代以来，中国学界关于文化定义的讨论主要集中于广义文化和狭义文化之分的线索上。这一大脉络的划分，使纷乱的文化定义有了一个较为清晰的处理线索。

所谓广义文化或大文化观，是把文化理解为人化或社会化。广义文化与自然相对，文化指人类社会的一切，包括物质文化、制度文化和精神文化。严格地说，制度文化与精神文化可以统称为精神文化。精神文化分为实体形式的文化和观念形态的文化，制度文化是精神文化的实体形态，思想文化属于精神文化的观念形态。广义文化的发展，标志着人类社会历史发展过程中物质文明、政治文明和精神文明所达到的程度和水平。

中国学者中，梁漱溟强调文化的广义意义。他把文化的本质归结为生活，把生活分为物质生活、精神生活和社会生活。文化背后的核心就是对人及其价值的关心、体悟。他在《中国文化之要义》中对文化进行了狭义与广义的界定："俗常以文字、文学、思想、学术、教育、出版等为文化，乃是狭义的。我今说文化就是吾人生活所依靠之一切，意在指示人们，文化是极其实在的东西。文化之本义，应在经济，政治，乃至一切无所不包。"① 梁漱溟从广义和狭义两个方面给文化下了定义，狭义文化偏重精神方面，广义文化定义则把文化等同于人类社会生活的全部，而他更看重广义文化。其对广义文化的理解揭示了文化的"属人的"性质和"人为的"特征。但广义文化这一定义抹平了经济、政治、文化的区别。局限是偏重了文化的外在特征和总体特征。

狭义文化是指观念形态的精神文化。文化作为一种意向（想、要、能），是人的一切活动的原因和根据，是一切存在的意义赋予者。文化是人们的理论世界、价值世界和意义世界。文化是"人心营造"的精神产品，是内涵性存在。文化是创造和使用符号、语词来表达感觉和思想的行为。它包括风俗习惯、生活方式、行为模式、道德风尚等社会心理层面的文化；政治法律思想、道德、艺术、宗教等思想层

① 梁漱溟：《中国文化要义》，上海人民出版社 2005 年版，第 6 页。

面的文化。潜沉于这两个层面深处的是思维方式和价值观。文化的最深层次和核心是文化思维方式和文化价值观。文化中的思维方式“是思想中的一支‘看不见的手’，它以文化传统、思维模式、价值尺度、审美标准、生活信念、行为准则和终极关怀等方式而构成思想的逻辑支点。”① 在这个意义上，文化、精神世界、主观世界、心灵生活、人文精神、意识、灵魂等概念是同一系列的概念。

在学术研究中，人们更多的是取狭义文化之意。广义文化指人类社会，为了把人类社会和自然界加以区分这种说法有其道理，用黑格尔的话说就是属人世界的一切都是经过人类思想的计划、筹划，然后在思想的引导下去建造起来的。但如果从学术研究的意义上说，把文化泛化为人类社会的一切，那就等于降低了文化的地位。现代很多人把讲文化当作一种时髦，什么都和文化牵扯到一起，饮食文化、服装文化等，实际上以文化的名义做出来的事一点文化内涵都没有。现代社会为什么呈现出浮躁之气？根本原因是缺少文化精神，人的灵魂无处安放。我们通常说文化对应的是精神、思想，但是现代社会呈现出的浮躁是什么？是把文化直接与市场金钱对接，与吃吃喝喝对接，那精神还有自己的领地吗？这实际等于取消了文化的特质。如果把文化泛化，什么都是文化实际上意味着什么都不是文化。我们要推动文化发展，这里所讲的文化应该是狭义意义的精神文化。从理论意义上讲，文化之所以是文化，文化要凭借“人化”特征与自然相区别，同时，在“人化”的范畴下，文化也必须依靠其特有的规定性把自身和社会经济、政治区分开，狭义文化的观念性、精神性和符号性等特征则把它和实物存在的物质、有形存在的政治划分开来，言说文化，强调的是文化的精神性和思想性内涵。

狭义文化是指观念形态的精神文化。在这一共识基础上，究竟在什么视域认识精神文化仍然值得深究。如现在很流行从人与文化的角度理解认识文化，认为文化就是人化。这固然有其合理性，因为，

① 孙正聿：《崇高的位置》，吉林人民出版社 1997 年版，第 2 页。

文化是人创造的，文化也塑造人，人是文化的主体，不能把文化与人截然割裂开。问题在于，观念文化产生的根源是什么？把文化说成是人的本质的显现，那么，人的本质可以脱离社会吗？脱离人的社会关系本质、实践性生存方式，把文化、人和社会脱离开，文化问题又很难说得清楚。文化是内在于人的精神世界的观念存在，但是，内在的获得渠道是什么？如果完全是内在自生的，这与唯心主义坚持的精神决定一切别无二致。在辩证唯物主义反映论视域下，文化的生成首先是要从外到内，然后才能从内到外去化物和化人，无论文化的产生还是文化的作用都在一定的社会历史条件下发生，在这个意义上，把文化问题置于唯物史观视域，放在社会中加以认识就极为必要。即文化的生成和发展以尊重客观性为基础，但这不是否定主观性而刻意强调客观性，“而是经由这种主观性去发现它植根其中的现实基础并从而通达历史之客观意义所在”。因为“对于历史事物之真正的客观阐释来说，它也必须（而且首先必须）将人的主观意图包含在自身之内”。因此，仅仅依靠文化本身来解释人类历史，认为文化是一种“自足、自决的过程”，甚至主张所谓“文化决定论”在理论上也是难以自圆其说的，在历史观上是难以站住脚的。在文化观上我们需要坚持的唯物主义，归根到底，不是自然唯物主义，也不是文化唯物主义，而是历史唯物主义。唯物史观对自然、人类、社会、文化的系统动态关系及其发展趋向的揭示对于我们正确理解文化，是根本性的，具有恒久的价值。

坚持狭义文化观是合理的，但是要对文化来源和基础作历史唯物主义的解释。文化属于社会结构概念，是指和经济、政治相对的内在于人的主观精神世界的观念性存在。“要正确理解文化的本质，科学地历史地把握人与文化的关系，就应该摆脱大文化观即把人的一切创造物都称为文化的观点的束缚，把文化看成是由知识、信仰、哲学、法律、道德、艺术、风俗习惯等组成的观念形态。文化当然是人创造的，但却是处于一定社会形态中的人，直接或间接、自觉或自发地为适应和改造自己生存的环境（自然环境和社会环境）而进行的精神生产的产物。”① 理解文化问题，应当坚持物质生产决定精神生产的基本原则，在此前提下，进一步深化认识文化的特点和相对独立性问题。

从特点上看，文化包括内隐和外显两个方面，内隐是指文化是内在于人的精神世界的存在，外显是指精神文化必须由特定符号（语言、文字等）传达传导习得及传授，是人类在实践中创造的各种观念和社会生活行为规范的精神成果的总和。从实质上说，文化作为精神性的内在于主体世界的存在形式和思想建构能力则是文化更为根本的特征，“鲜活的精神和人类的力量——这便是文化的内容，”② 文化归根到底是人类追求自觉、自由活动的内在精神和过程，具有意识的主观性特征和来源的客观性基础。

文化的主观性特征即文化是“人化”。文化的发展是沿两个维度展开的：一是外向的“化物”或主体客体化的过程，它是将质料世界“属人化”的过程，这个过程是人把自己的文化水平或者是马克思说的本质力量外化和对象化的过程，是人性水平在质料世界中不断伸展的过程，目的是为人建造一个生命存在的物质家园。这主要表现为人认识和改造客观世界的程度深化，以科学技术为主要载体。二是“化人”或客体主体化的过程，使观念世界成为人的生命存在的精神家园，即作为存在了的文化环境和文化理想影响人、改造人、滋养人、提升人的过程，是人按照人的需要和理想优化、美化和完善自身，把我们的品质、思想、行为方式等提升到较为优雅、完美和高尚的程度，使人更有尊严和更优雅，这类文化主要载体是人文文化。总而言之，“文化的本质就是人的自我的生命存在及其活动，文化世界的本体就是人的自为的生命存在。”③

依此，我们可以把精神文化的构成内容划分为两个层面：一是包

① 陈先达：《哲学与文化》，中国人民大学出版社 2016 年版，第 400 页。

② ［英］弗雷德·英格利斯：《文化》，韩启群等译，南京大学出版社 2008 年版，第 12 页。

③ 李鹏程：《当代文化哲学沉思》，人民出版社 1997 年版，第 71 页。

括科学技术及相关的教育等在内的智力因素的科学文化；二是包括思想、信念、道德和价值观以及事关这些方面教育在内精神力量的人文文化。文化概念自产生并经过演化，狭义上的文化概念越来越被人们普遍接受。本书讨论的文化特指狭义文化中的文化内涵和外延。论说文化，人们往往引申到精神领域，指文化有化物和化育人类心灵、智慧、情操、风尚之义。

在这里，应当特别强调，精神文化是科技文化与人文文化的统一整体。培根认为，知识能够塑造人的性格，“求知可以改变人的天性，实验可以改进知识本身。人的天性犹如蔓生的野草，求知学习好比适当的修剪……求知的目的不是为了炫耀，而是为了寻求真理，启迪智慧……读史使人明智，读诗使人聪慧，演算使人精密，哲理使人深刻，伦理学使人有修养，逻辑修辞使人长于思辨。”① 探求和热爱真理是人性中最高尚的美德。

科技文化和人文文化共同构成了人的心智生活。“心智”泛指生物体的某类倾向定势。也是一个指称技能、爱好、能力、倾向和习惯的词，用杜威的话说，它所表示的是一种“伺机而动的积极、主动的背景，遇到条件就起作用”②。“心智生活就是我前面所说的心灵生活（灵魂，超越性）和智力生活（头脑，理性）的合称，也就是通常所说的精神生活。心智生活的特点是内在性和非功利性……心智生活能使人获得一种内在的自由和充实……心智生活还能使人获得一种内在的自信和宁静，仿佛有了另一个更高的自我，能与自己的外在遭遇保持一个距离，不完全受其支配，并能与外部世界建立恰当的关系，不会沉沦其中，也不会去凑热闹。这就是所谓定力。”③

人的心智生活如何可能？自觉于心智生活和不断提升心智生活

---

① 李秋零：《精神档案：改变人类心智的千年篇章》，九州图书出版社 1997 年版，第 272—273 页。

② ［英］克利福德 · 格尔茨：《文化的解释》，韩莉译，译林出版社 1999 年版，第 73 页。

③ 周国平：《周国平人文讲演录》，上海文艺出版社 2006 年版，第 10—11 页。

品质的关键节点是什么？文化不是抽象的，文化总是一定主体的文化，反过来，文化也是一定主体身份的标示，它在根本的意义上解决“我是谁”的文化主体性问题。文化主体性确立的条件之一是文化主体自我意识的自觉，自我意识是自我与他我的区别意识和能力。一种文化的特质是其之所以存在的内在规定性，这种特质决定了它是一个独立的“精神自我”“文化自我”。文化是“人化”，认识一种文化，首先我们要追问是谁的文化，所以，我们要阐释的文化问题自然要指向文化的主体条件。文化主体性需要觉醒，文化主体意识需要形成，中国的崛起需要中国人在精神上真正站立起来。从文化原理角度看，文化世界产生的标志是“文化自我”的生成，文化也是人的自我生长过程，所谓人性就是人的不断自我创造的性质，是人在文化的塑造下不断追求更优秀的人格的过程。那么，在人学意义上，我们所讨论的文化就具有了动词的词性，所谓文化，就被理解为“人对自身脱却‘野蛮性’向‘文’而‘化’的要求，理解为这个要求实现的过程，或者理解为它的实际成果”①。追求更优雅、更舒适和更优秀是人的生命存在的本质意向，文化是人的尊严性标示，是一个人达到更高人类尊严的道路，也是人的生命存在的基本价值。在全球化条件下，重树中华文化价值的自尊、自信和自我认同，其实质是坚定地自信中华文化不同于西方文化的、作为独特的文化体其存在的正当性和合理性。任何民族国家的独立性和独特性都是以文化的独立性为基础的，独立的文化赋予每个民族以文化自我的内涵。

第二节 文化的结构

文化结构即文化构成要素的组合关系。从历史唯物主义视域看，文化作为社会结构的有机组成部分，代表着社会的精神层面。文化作

① 李鹏程：《当代文化哲学沉思》，人民出版社 2008 年版，第 106 页。

为社会性和精神性的统一体，其实质是与社会意识具有同一性的概念。因此，我们可以借助对社会意识不同角度的分析来把握文化的结构。由于结构决定功能，因此，只有把握文化的构成要素及其结构，才能为以文化人提供着力点和为文化发挥作用提供依据。

一、个体文化与群体文化

从主体角度看，根据文化主体范围的不同，文化区分为个体文化（意识）和群体文化（意识）。文化的主体性不仅是个体主体性，“社会中单个的人和各种人的集合体，具有不同的社会属性和空间、时间属性，形成从个人到家庭、集体、团体、阶层、阶级、民族以至社会全体成员的社会生活主体的系列……可以将个人以外的主体构成之集合体形式统称为群体，即人的社会群体。”① 文化不是一种完全属于个体的属性，而是作为群体成员的个体具有的属性。个人文化观念是受社会文化制约和影响的，个人文化观念要想发挥作用也要经历从个人意识向群体意识的转化，从而使个人文化观念能够在社会中得以传递。社会文化或社会意识实质是个人意识和群体意识错综复合的产物，是它们辩证作用形成的观念体系。

社会文化本质上是一种群体规则，特定的规则形成的生活方式塑造着不同的人。人作为社会性存在，社会文化因素影响个体自尊，一是规范化的社会文化教化通过个体的社会化来完成，个体的社会化就是个体按照社会角色的期待形成自尊的过程。二是非规范化的约定俗成的风俗习惯等文化的浸染，日用而不自知的“常识”和经验蕴含的社会“禁忌”等。

个人从其生物性存在成为一个现实存在是通过社会化实现的，教育是实现人的社会化的最正规的渠道和途径。而从本质上说以文化人是一种文化价值观教育，价值观教育就是引导人们树立文化价值意识，增强把握社会生活中价值关系的自觉性，增强生活中的自为性意

① 肖前：《历史唯物主义原理》，人民出版社 1983 年版，第 248 页。

识、建设性意识和创造性意识。以文化人首先是在大方向上引导人们在现实的社会关系中正确处理社会文化中的基本矛盾，能够做到个人理想与社会理想的基本一致，个人与社会关系的基本协调，个人发展与社会发展的相互促进。

在现代社会，社会文化与个体文化之间的现实矛盾是社会的价值观念体系与个人的价值观选择之间的矛盾在观念上的反映，即“大我”与“小我”、社会与个体的矛盾关系的反映。社会价值观念体系是指在一定社会及社会发展的一定历史阶段上占支配地位的价值观念体系，也可称为“社会普遍价值观念体系”。所谓个人价值观选择，实际是人们从其自身的社会地位、利益关系出发，对社会价值观念体系的一种择优化的认同、扬弃或者抛弃的态度和评断。从二者关系看，个人价值观选择一般总要受到社会价值观念体系的影响和制约，反过来说，社会价值观念体系又是众多个人价值观念选择的结果。从日常生活看，二者的矛盾实际是“社会要求人们怎样”和“个体想要怎样”的矛盾。社会的价值观念体系与个人的价值观选择之间的矛盾，本质上是社会占主导地位的一元价值导向与个体的多样化价值取向的矛盾。以文化人要解决的矛盾就是如何实现“小我”与“大我”的和谐统一、个人主体与社会主体相统一。以文化人的根本就在于引导社会成员不断超越“小我”的狭隘视界，从社会关系，从人与自然、人与社会、人与人、人与自我的多重关系中把握、协调和定位人生的境界。

二、日常文化与理性文化

文化作为一种观念存在，从其反映社会存在的层次水平上，可以由低到高依次分为两个层次：风俗习惯、行为模式、道德风尚等社会心理层面的感性文化；政治法律思想、道德、艺术、宗教等思想层面的理性文化。前者大体属于文化自发状态，“当我们沉浸在这种意义上的日常生活之中的时候，我们并不对生活本身的意义价值进行反思，也就是并不思考我们整个人生的目的、意义，并不思考我们整个人生的统一性、连续性，并不思考通常所谓‘身前身后’事，在这个意义上，‘日常生活’的特点不但是非理论的，而且是非反思的，至少是非超越地反思……‘超越性’是‘心灵生活’的特点。”① 后者属于文化的自觉状态。“美国社会学家皮特里姆·索罗金在《社会和文化动力学》一书中提出，存在两种基本的文化模式：感知型文化和理念型文化。在感知型文化中，现实仅仅是作用于感官的东西；在理念型文化中，现实被作为非物质的东西来看待……前者是文化的感觉、感情、感性、感知的模式，后者是文化的思想、观念、理性、理念的模式。”②

民风民俗是特定社会文化区域内历代人们共同遵守的行为模式。在习惯上，人们往往将由自然条件的不同而造成的行为规范差异，称之为“风”，而将由社会文化的差异所造成的行为规则之不同，称之为“俗”，所谓“百里不同风，千里不同俗”正恰当地反映了风俗因地而异的特点。

“文化的道德（及美学）方面，价值性因素通常都被归结为‘精神气质’这个术语，而认知和存在的方面则被归纳为‘世界观’这个术语。一个民族的精神气质是格调、性格及生活质量，是它的道德风格、审美风格及情绪；它是对他们自己及生活所反映的世界的潜在态度。”③

在这里，索罗金强调文化是科学文化与人文文化的整体统一性是十分重要的。目前，在知识界中，科学文化与人文文化相互排斥的问题时有发生。两种文化的分裂恰恰是造成很多文化弊端的原因。说起两种文化问题，不能不提及20世纪中期英国最有影响力的作家查里斯·帕希·斯诺于1959年在剑桥大学发表的《两种文化及再谈两种文化》的演讲。其主要焦点是科学主义和人文主义在现代社会的

① 童世骏：《当代中国人精神生活研究》，经济科学出版社2009年版，第7页。

② 郭湛：《作为人之程序和取向的文化》，《哲学研究》2016年第9期。

③ ［英］克利福德·格尔茨：《文化的解释》，韩莉译，译林出版社1999年版，第155页。

功能问题。斯诺指出，人文文化和科学文化成了两种相互对立的文化，两种文化之间存在着互相不理解的鸿沟，甚至是敌意和反感：两种文化之间存在的对立引发了很多的社会问题，两种文化的分裂最终会导致不和谐的文化生态。科学文化的快速发展与人文文化的日渐式微，是目前两种文化分裂的现实表征。在科学技术加快社会发展的背景下，科学主义、技术主义盛行，人们对科学技术盲目崇拜，却忽视了技术进化背后应该被加以调整的人文观念。如今的突出现状是科学文化主导地位下人文文化的边缘化，形成了科学文化的霸权地位与人文文化的日渐衰落，科学文化和人文文化之间的发展出现了严重的失衡。斯诺在几十年前提出的“两种文化”问题在今天仍具有重要意义，它启示我们，无论在什么时代，人文文化和科学文化代表的是一种社会现象，他们的分裂对于社会是一种损失，只有将它们融为一体，使得社会协调发展，才能使重大社会问题的决策过程民主化和科学化，才能使得人类走向文明。

总之，人的文化精神世界是充满矛盾的世界。“人的精神深植于人的文化心理之中，是人性的内在形式，人的生命活动的自发性和自觉性、社会性和个体性、世俗性和神圣性都交织于其中，因而极其复杂、多维、灵活，充满了矛盾和变数。我们原来以为，随着社会制度的改变和人们物质生活水平的提高，人的精神问题会越来越少，现在看来远非如此。相反的可能性倒是，人的精神需求会更高，精神方面产生的问题也更多。”①

三、意识形态文化与非意识形态文化

按照文化与社会经济、政治的关系的直接和间接状态，我们可以把文化区分为意识形态的文化和非意识形态的文化。凡是反映特定经济基础和政治制度的社会意识形式，我们把它称为社会意识形态文化，凡是不反映特定经济基础和上层建筑的文化，如科学技术、

① 张曙光：《论作为现实和理论问题的“精神”》，《哲学研究》2003 年第 12 期。

语言学等都属于非上层建筑的文化。意识形态文化属于社会的主导文化，以文化人中的文化最重要的部分是以意识形态文化教化社会成员。

文化作为观念形态，它是人类精神生产的产物，体现在人们的精神生产、观念形态和思维形式中的文化，本质上是人类精神的一种自我确证。文化的内在本质在于它的精神性，精神的品质在于它的自主性、自觉性、目的性和超越性。文化是民族性与人类性的统一。马克思认为，文化剥去阶级性质之后体现的是人类思想的力量。

本书所说的文化是包括上层建筑文化和非上层建筑文化的统一体。

第三节　文化作用的分析

从“文化”一词的中西方语义学分析中，都可以发现文化具有“教化”“化人”的含义，即通过文化的影响、感召、作用，使人作为人而成为人，使人具有社会规范和价值观所要求的行为。从人的主体角度出发，文化亦即人的自我修养过程。换言之，修养是人在文化教化作用下所达到的行为习惯和规范水平，包含教育、科学、宗教、艺术等形式的文化体系，其构成一个相对稳定的行为规范、价值取向、思维方式及审美情操的人文环境。这一特有的环境将潜移默化地影响长期处于其中的国民，进而作用于和引导国民修养的提升。用文化修养人自身，使人作为人而成为人，成为文化的重要使命。因此，人有意识地自觉地接受文化对自身的影响，以文化价值观和规范体系来塑造、培养、修养自身，即所谓的文化“化人”功能。也就是说，文化是人自身发展的需要，是人对人的本质的探寻方式，是人类自身发展的一个目标指向。

在坚持历史唯物主义立场的前提下，我们充分理解文化发展在具备了一定的经济基础和政治基础的前提下，文化作用的实现又具有相对独立性。正如马克思所说："动物只是按照它所属的那个种的尺度和需要来构造，而人却懂得按照任何一个种的尺度来进行生产，并且懂得处处都把固有的尺度运用于对象；因此，人也按照美的规律来构造。"① 这种运用于劳动对象的"固有的尺度"，就是人的价值尺度，是文化的人学意义，是真善美的文化取向。马克思的这一论述揭示了文化应有的价值，也为以文化人提供了方向。文化价值观念表现出来的是主体人的追求、信念和理想，是主体人的精神生活最重要的内容。对于民族而言，它体现为一个民族的生存理想和对自己生活道路的选择。即文化价值观念表现为主体对自身的生命存在的"一种崇高的、伟大的价值"的认定；对主体生命存在具有根本作用的物的价值的认定。文化视域下对人的理解，"既要在学理上全面完整地论说人、全面正确地把握人的作用，又力求在人的内心深处进行全面深刻的人格塑造"②。文化的实质是塑造人，中国当代文化育人要解决的问题，一是人的精神生活中的理想信念与信仰危机问题；二是人的素质问题；三是人的生活质量问题；四是思想迷惑和心灵焦虑问题。

一、蕴含于文化中的价值标准

文化价值指的是人对自己生命存在的意义的理解和认定，文化价值是人的精神生活的全部内容。文化价值是一种精神谋划，是人的一种主观目的与追求，文化价值就是人对自己生命存在意义的理解和确定。文化中所内隐的对于人的价值实际就是如何看待人生意义的问题，这些意义通过人的追求、信念和理想来表达，文化价值的基本形式和系统结构即"真""善""美"。③ 怎么才能使生命富有质量？你首先要有一个自觉的文化指令在指引你的生活，从盲目性、自在性地生存转向到自为性地生活，所以我们说，人的生命存在的基础是生存，其所展开的内容就是人与外部世界、人与自我关系及你对这种关系的

① 《马克思恩格斯选集》第1卷，人民出版社2012年版，第57页。

② 韩庆祥：《人学：人的问题的当代阐释》，云南人民出版社2001年版，第47页。

③ 参见李鹏程：《当代文化哲学沉思》，人民出版社2008年版，第173页。

认知，文化的核心任务是建构世界观。如果说人的生存通过社会关系展示出来，人要追求更好、健康、完美的生活，这种更好、健康、完美的生活并不是实体性所指，它表现为人们不断地改变现状、超越性地生活，这种超越性的实现在于文化指令对于人的意识状态的一种改变，改变精神状态更重要。在现实中，人们往往说物质贫穷是可怕的，但是真正的精神贫穷是更可怕的。扶贫先扶志说的就是这样一个深刻道理。

文化价值指文化自身对人的实际作用，从构成意义上讲，就是人们创造文化最根本的目的还是为了人自身、为了人更好地生活、优化自己的生命存在。为了达成这个目标就需要一系列的途径和手段，能够成为实现这些目标的途径和手段的都被称为有价值的，真、善、美被认为从精神层面实现优化人的生命存在的最重要的途径，也构成了人的全部精神生活的基本领域。真、善、美是如何优化人的生命存在的呢？从深层次上说是为人的生活确立了意义。

“真”的探索。“真”实际上是人对世界存在和自身存在的实在性的一种追求。真、善、美各有各的定位，层次不同，“真”是精神层面最基本的一个存在层次。我们把“求真”当作科学的任务，科学就是对真理的追求，这是我们通常所理解的科学，所以我们才说所谓的“真”就是知识的对象、科学的对象。对对象的求真或者对客体之真的把握是求真过程中的一个主要方面，什么能被称为“真”呢？是事物运动变化中呈现出的稳定性的东西、规律性的东西，是自然界、人类社会和人的思维规律。“真”是我们把握自身与客体关系的基础性的东西，“真”是建构精神世界的基础、起点的“存在”。

“善”的构建。“善”的构建实际上是人对自己同物体世界、他人的关系以及自身同生存目标关系的恰当性的追求。“善”则具有过程性与手段性，是一个中介性的东西。我们有优化自己生命存在的根本目的追求，但是要求以手段的恰当性去追求恰当地目的，这才叫作善。恰当性的标准是什么？一个是社会标准，一个是人的标准，合乎社会规范、合乎人的正当性要求，我们就可以将其理解为恰当的。我们通常说，善的最主要表达是道德，缺德就是善的缺乏，就是做事情的手段不正当。构建善，其价值能够为人的行为、道德和生存目的构建一个规范的系统。规范就是规定你按照这样一个标准去做，道德就是调整人与自我、人与他人之间关系的行为规范，你这么做是符合标准的、恰当的、合适的、善的构建，从其定义来看，首先是人与世界之间怎么来建构善，从人与世界关系的角度讲，在维护生存权的基础上，怎么以一个合适的态度来对待我们周围这个世界。人和世界之间善的构建，最重要的是知识和理性所发挥的构建善的作用。其次就是从人际交往关系上建构善，人同自我的生存目的之间的善的构建。简单地说就是要解决人为了什么而活的问题，这是对生存意义的追问，对这个问题的恰当回答就是对生存目的层面善的构建。

“美”的创造。美的创造实际上是三个层次中最高的一个层次，如果说真、善价值还有一个生存基础的支撑或说实践约束的话，那么美的追求完全是一个精神层面的东西，而且对于人来讲具有内在性。简单来说，美就是人对世界、他人以及自己三者可以使自己产生“愉悦感”的具体形象的一种追求。如你对自己进行文化上的必要修饰，你自己对自己就会有一种欣赏感、愉悦感，这被称为修养，爱美是一种文化修养，或者叫作文化教养。不真、不善的事肯定不美，但是真和善的事不一定能够达到美，所以美的真正的内涵就是一种内在的、精神上的愉悦和陶醉，这是美的真实含义。审美如果强调精神解放和精神愉悦的意义的话，至少它超越了物质性、科学性、社会性、道德性、实用性，美是世界同人们心灵、审美眼光的一种契合。美是人在这个物体上的“生命的注入”，或者是它启发人“联想”到同这个物体有关的生命活动的种种状况。这里有一个关键词叫作触景生情，因此总体而言审美一定是人的精神与外在事物的一种互动、相互融合的过程，是精神自身的一个交流。正如爱因斯坦所说：“把人们引向艺术和科学的最强烈的动机之一，是要逃避日常生活令人厌恶的粗俗和使人绝望的沉闷，是要摆脱人们自己反复无常的欲望的桎梏。一个修养有素的人总是渴望逃避个人生活而进入客观知觉和思维的世界。”①

二、社会多维视域下文化价值的实现

文化自身蕴含的价值与文化价值的实现是一个理论与实践的关系问题。文化价值的实现表现为文化作用在多方面的发挥。

第一，文化工具性价值的社会作用实现问题。文化的工具性价值的实质是文化对社会发展某种目标的促进作用，文化体现为手段，是为达到实践主体活动目的的手段。任何文化只要它同一定社会经济、政治相适应，并对社会的经济、政治起到引领超越作用，就能显示出其工具性意义存在的合理性和现实性。文化的工具性价值主要表现为：

文化的作用表现为其“化物”方面。首先，文化具有维系人类生存，促进社会物质文明发展，增强综合国力的工具价值。经济是维系人类社会生存和发展的基础，而文化是社会经济发展的重要推动力和开拓力。文化已无孔不入地渗透到经济领域的一切过程、环节和方面中，一种健康的文化可以使社会实践始终围绕以人民为中心的社会和谐发展而确立其价值取向，它以科学的发展理念对经济活动起着激励、规范和调控的功能，成为经济增长与发展的动力源泉。文化既是今天经济的资源和保证，又是明天经济的开拓力量。文化也是增强综合国力的重要手段。文化中的科技部分对经济来讲是第一生产力，对社会发展来讲是重要推动力，对军事来讲是威慑力，对政治来讲是影响力，对国家来讲是硬实力。对个人来讲是其本质力量的核心部分。在文明社会中，人的能量大小与其掌握文化的尺度，尤其是科学知识的教育尺度是成正比的。这对于人的自信和自尊都是一种硬实力支撑。其次，文化的作用表现为其“化人”的教化方面，文化是对社会进行精神统治的重要手段。占统治地位的文化具有维系巩固社会制度，调控并保证、规范社会运转，保持社会稳定的工具性价值。文化

① 《爱因斯坦文集》第1卷，许良英等编译，商务印书馆1976年版，第101页。

作为一种力量具有极强的精神催化作用，一方面，无论在理论层面、行为方式层面，还是在社会心理和潜意识层面，文化力均影响和制约着社会成员的价值取向。另一方面，文化具有思想的统摄性。文化对社会成员行为思想起着导向、鼓舞和凝聚的作用。文化作为一种思想统治手段在规范社会运转，维护社会稳定中发挥着重要作用。现代西方学者把文化这方面的作用称为文化软实力。

文化的工具性价值存在的主要依据在于，文化根源于人们的生产、生活的实际需要，文化是生产力发展到一定阶段的产物。所以，文化的工具价值从其产生之日起就已存在，它始终以人类整体的生存和发展为出发点。文化又是人们把握世界的一种特殊实践精神。文化是人能动改造世界的观念体现，文化是人创造出的适应、对付周围环境和维持自己生存的一种方式，它的属人本性决定了它必然成为为人服务的一种工具。同时，文化也是人肯定自我和表现自我的方式、手段。从实践主体的本质上讲，文化是人的本质力量的实现。实践主体的需要中体现着行为者自我肯定、自我发展的愿望，这种愿望的合理展开就是人的本质力量的实现。

第二，文化中介性价值的实现。所谓中介是关于事物间相互联系、相互转化的凭借条件、纽带和中间环节的哲学范畴。按照黑格尔首先提出，马克思经典作家深刻阐发的“一切对立都经过中介环节而相互过渡”的中介普遍性思想来反观世界，我们会得出结论：世界上一切事物都是凭借中介而发生联系和转化的。中介形式有器物层面的，也有文化精神层面的，我们主要探讨精神层面的文化的中介性价值。

从历时态的维度看，文化的中介价值首先表现为文化是维系社会历史的凭借条件、纽带和中间环节。社会通过文化中介实现着社会经验的传递，从而维持着社会历史的连续性。文化是社会的“精神链结物”。文化实现了人类由生物遗传机制向社会遗传机制的飞跃。因为有文化，人类社会才能不断进步，不断自我总结，自我继承，自我扬弃和自我完善。文化是人类社会历史经验的记事本和贮藏室。其次，文化是人类精神家园特有的遗传方式和传导载体。文化具有人类精神财富生产、积累、沿革和传导的中介性本质。文化是历史形成的，就历史的可能性而言，人们在自己的时代所承继和创造的文化，正是人类在其前进发展中所构建的阶梯和支撑点，它为人类的继续前进提供了可能性。

从共时态的维度看，社会与自然的相互作用，社会构成因素，社会结构之间的联结无不通过文化中介得以实现。文化是人类社会与自然界相互作用的中介。没有文化，就不可能产生人类的高级需要，也不可能产生新的更高级的人与自然的中介形式以及新的活动模式。因为人类社会实践与自然过程的不同在于，人类实践必经观念的东西转化为实在的东西这一环，忽视文化的中介作用，人类社会与自然的相互作用就失去了凭借条件。人类社会与自然界的相互作用的实质是主体尺度的对象化和对象尺度的主体化过程。所谓主体尺度对象化即在对象中使人的目的和需要现实化，主体的目的和需要属于观念的思想的东西，作为文化的本性无疑是联结主体和对象的中介。另一方面，对象尺度主体化也必须通过文化中介来过渡。自然对象是自在的，它不会自动地成为人的“为我之物”，要实现由“自在之物”向“为我之物”的转变，主体必须以文化为中介实现对自在之物的规律、本质的内化，这是实现对象尺度主体化的凭借条件和必经环节。社会对象的主体化也离不开文化中介，虽然社会对象是自在性与自为性的统一体，但离开文化的中介作用，人同样无法准确把握社会历史发展规律。如缺少中国特色社会主义理论，就无法准确理解社会主义初级阶段的发展。

同时，社会基本构成要素及社会基本结构相互作用，矛盾运动的实现均以文化这一中介被规范化和制度化。生产力由潜在的变成现实的，生产关系的建立、上层建筑的建立无不通过文化理念在人脑中的预先构建并在这一观念指导下得以实现。从表面上看，文化仅仅是起着联结社会结构要素两极“媒介”的作用。从深层上看，文化的中介作用实质是整合主体目的与客体对象自在性和盲目性的矛盾，使社会向着更加符合人的价值方向发展。

第三，是文化的目的性价值在塑造人的文明化中的实现问题。目的性是对主体需要的反映，是主体在活动之前或之初关于自身需要和满足需要的结果之间统一关系的自觉意识，是一种人格理想的价值预设。目的性价值是一种主体维度、内向性维度。它重在强调文化如何反身以“自我”为对象，设计和塑造更加完美的“自我形象”。显然，这种对人之形象的追求首先表现为一种“自我意识”的自觉，这种意识能够自觉到“自我”是需要塑造和优化的，这是文化自觉最深刻的维度。“文化本身拥有着三重相互矛盾的意思：文化是全社会有利于礼貌和文明的各种结构组织和礼仪风度；文化是这些风度经过特殊的沉淀变成的上层艺术；文化是下列因素的总和，其中包括富有意味的习俗和行为，组成这些习俗和行为的各种物质以及形成并影响这些习俗和行为的激情。”①

相对于文化与自然、文化与社会的“外向”关系而言，文化与自我的关系重在阐释文化与人的内在的、目的本身的非功利性意涵。正如帕斯卡尔所强调的，是“思想形成人的伟大”，“人显然是为了思想而生的，这就是他全部的尊严和他全部的优异”。文化是人类自身的一面镜子，对人具有标志性意义。我们可以把优化人自身性的文化称为“身体文化”，身体文化中的“文化”是作为人的内在和外在的思想规范和行为准则而存在的，它以其规范性和准则的格次化从精神教养到行为的恰当性等方面塑造出具有一定品质和文明度的人，包括人的外在的行为举止和内在的精神世界内涵，从而把人塑造成为有文化修养的人。

“修养”一词通常被认为是德国思想家赫尔德首创和使用的，修养与精神、文化、人道等概念相互界定。他认为，修养是使人成为和谐的整体；修养为自我修养的过程；修养的目标在于品质的养成等，

① ［英］弗雷德·英格利斯：《文化》，韩启群等译，南京大学出版社2008年版，第19页。

在理论上奠定了基本的修养观框架。[①] 汲取赫尔德修养观的精华，以中国语境表达，文化修养本质上是我们常说的修身养性的主要存在形式，包括科学修养、道德修养和艺术修养等，是以内在的素养的获得尤其是人格养成，完善人自身为目的的文化意识和文化实践活动，文化修养的过程即是把一个人从自然人变为社会人再提升为文明人的过程。在这里，文化修养的强调与一般的文化塑造人的区别在于：文化修养是个性化和自觉的过程，修养是精神的、内在的和非功利的，相对于物质的、外在的、工具性和实用的。正如洪堡所说，修养是人"内在的成长"，不应服从于"外在的目标"，强调人的价值就在于人本身，且认为，修养提供了一种"生活规范"，有修养的国民是国家和民族兴旺发达的前提。[②] 文化修养的关键点在个人能够自觉地将文化的获得过程转换为其内在的规范性的自我意识，提升气质和人的文明度，把文化规范内化为植根于自身的品质修养。显然，文化修养的关键在个人。社会的文化教育固然是最正规和主要的渠道，但是，文化修养度最终取决于个人的自我意识水平，或者说是自尊的水平，一个人的文化修养取决于社会的塑造与主体的选择，比较而言，主体的选择和判断是在这一实践过程中唯一具有能动性的存在，你想成为一个什么样的人，在某种意义上是个人选择问题，"高尚是高尚者的墓志铭，卑鄙是卑鄙者的通行证"，所以，文化修养程度与人的自我意识水平、个人在修养中的积极性和主动性关系密切，文化修养的最终状况与个人对自我塑造的形象期待和人格追求、主动自我认知和自我改造的主观努力成正比关系。在这里，是否"自愿提升"和"自愿提升的强烈度"是关键的主观条件，因为社会对人的塑造，最终要转化和内化为个体自觉，否则外在的教育也无法奏效。

比较而言，在文化作用和功能的实现中，修养这一维度始终是

① 参见陈洪捷：《德国古典大学观及其对中国的影响》，北京大学出版社 2002 年版，第 66 页。

② 参见陈洪捷：《德国古典大学观及其对中国的影响》，北京大学出版社 2002 年版，第 67—68 页。

处于被遮蔽状态的，在阐释文化的作用时，通常将文化作为提升国民修养的背景环境或认知客体，强调文化的“化物”功能，而忽视文化的“化人”功能。由此导致的人的问题在当下越发凸显。这里包括三个层面的问题：

一是以自我意识为标志的自尊意识的被遮蔽。从文化的意义上看，人与世界相区别的中介是意识，意识包括外向的他物意识和内向的自我意识。文化世界产生的标志是“自我意识”的生成。自我意识首先要把“我”与外物、我与他人区别开，形成“我”与“非我”的意识。更重要的是“我”把“我自身”当作反观对象加以认识和塑造，从而形成维护自我的“自尊”性自觉意识，形成对自我的精神性关照。文化是人的自我理解、自我意识、自我把握、自我升华和自我完善，文化使人自己成为自己行动的指针和目标，并使人类能够以适合自己本性的方式来实现人的发展目标。自我意识是人独有的，其内含自我尊重的可能性和必要性。由自我意识产生的自尊是人的生命特有的保护方式，自己自觉意识到自我存在的独立性是自尊的首要条件，自尊首先是黑格尔说的：“人应尊敬他自己”，其次，黑格尔还有更深层的一句话，人“并应自视能配得上最高尚的东西”，即人若希望被尊重首先是人应当值得被尊重。即个体应当对自己负责任，在对象的关系中成就自我最终赢得自尊。自尊体现着生命的文明。自尊是人对自我生命价值与能力合理性的确信，一方面，自尊形成对自我的保护，维持自我的自足性；另一方面，自尊是自我成长的动力和健康人格的源泉，它生成自我的完善性，是自我的一种实现。自尊是自我概念形成的基础和前提。真正的自尊形成过程就是个体在关系世界中生成和谐人格的过程。自尊意识的淡漠从根本上说，是一个人的世界观出了问题，“文化以世界观为基础，并且只能够产生于许多个人的精神觉醒和伦理意志”，“精神的重大使命是创立世界观”①。人是“在

① ［法］阿尔贝特·施韦泽：《文化哲学》，陈洋环译，上海人民出版社2013年版，第83—84页。

自己的、思想的世界观之中成为真实的个人"① 的。

二是个人修养意识的淡漠。修养是个体赢得自尊状态的决定性因素。文化是一种以精神层面的差异为特征的现象，但文化又会深刻影响一个人的思维习惯和行为方式，最终表现为相对稳定的人格特征。所以，文化虽然是一种"不可见"的现象，但又是一种可以通过外部特征来衡量的状态。正因为文化有这样的特征，所以现实生活中人们就会用文化的"有和无"来衡量一个人。大体上，一个文化水准较高的人往往自尊程度较高。因为自尊的实现包括"知识层次的提高、社会责任的增强、精神境界的升华、理想信念的追求和事业的成功"②。自我以什么让他人尊重，必须有对象化的自我，即人的事业和责任；这个事业和自我责任体现着自我的升华和能量。

三是实践层面的虚化问题。从人的形象角度，以文化人注重的是人的更高级的内在精神气质的形成。"人们不但需要一个'好'的身体（体质、体形），而且更需要一个好的精神品质，它体现为人的'生命力'、人对外部世界的'态度'、人对他人的'态度'，所有这些都在人的生命存在的整个领域（日常生活、工作、交往等等）中全面地展现出来。生活态度、工作态度、交往态度构成了人的'草图'的基本要素，我们可以称这个草图为'人格'理想。"③ 由于人是一种社会历史存在，每个时代以什么"文化"、通过什么方式，把人"化育"成为什么样的人是有时代诉求的。从现代意义上说，以文化人其内涵就是使人成为具有"现代教养"的"现代人"，使人具有自尊自律、德性与才华、品格与品位的现代素质的能够担当民族复兴大任的时代新人。以"举止文化"培育提升人的教养水平；以物体文化的艺术气质培养去除"粗俗"；以交往文化培养"尊道德、守规则"的文化自觉意识和人性品质。以培育植根于内在的修养、无需提醒的自觉、替

① ［法］阿尔贝特·施韦泽：《文化哲学》，陈泽环译，上海人民出版社 2013 年版，第 90 页。

② 孙正聿：《孙正聿哲学文集》第 3 卷，吉林人民出版社 2007 年版，第 11 页。

③ 李鹏程：《当代文化哲学沉思》，人民出版社 2008 年版，第 184 页。

别人着想的善良、以约束为前提的自由人为实践进路。

文化存在的最高意义和目标在于促进人的自由全面发展。现代化强国的建设必须要有现代化的人，当代文化建设必须以人的现代化为最高目标。现代化的过程首先表现为经济的发展和科技文化的进步，但脱离人的素养的提高，空谈经济、政治和文化的现代化是没有意义的。现代化不等于现代性，一个真正的现代社会不仅是物质上科技上的现代化，更是社会精神气质的现代化，是人不断获得理性精神、人本精神的现代精神的深刻过程。物质现代化可以加速度实现，但是，现代精神和现代精神气质的获得对社会、对个人都将是一个缓慢和更为艰难的过程。社会主体人如何由传统人转变为现代人是比社会物质生产和科学技术进步更为深刻的变化。

当今时代，人们逐渐形成这样的共识：衡量社会发展的尺度不仅在物，更重要的尺度是人本身。现代化首先依赖于人的素质的现代化，而精神文明建设就成为培养具有现代化素质的人的一项宏伟工程。我们搞的社会主义现代化，是为了人的现代化，属于人的现代化，需要现代化素质的人去建设它，同时也只有具有现代化素质的人才能享用它。实践证明：人的素质是建设现代化社会的重要因素，从长远的观点看，甚至是决定性因素。在一定意义上说，现代化过程首先是一个文化过程，它需要创造一种相宜的文化环境，而没有现代化素质的人的自觉创造，这种文化环境是不会自发形成的。促进人的精神成长和人的精神世界的现代化是当前精神文明建设的主要任务。人的素质的高低是衡量一个社会精神文明发展水平的客观尺度，它关系到一个社会的发展能否得以持续下去，它是产生一切问题也是解决一切问题的根源。

文化不是一个既定的概念，而是生成和发展中的思想意识。文化多重作用的考察和认识，不仅具有理论意义而且具有现实意义。从理论上看，唯物史观精神是我们考察文化作用的理论前提。文化作用的考察归根到底要从其对社会发展、人的发展来衡量和体现，脱离社会的经济、政治乃至社会发展和人的发展孤立、抽象地议论文化的价值，甚至无限抬高文化在社会中的作用的文化史观是必须予以纠正的。但同时还必须把文化的作用作为一个系统来考察，全面把握文化作用，即要处理好文化与经济、政治的关系，文化应当在社会结构中定位，社会关系中认识和理解，为文化建设奠定现实基础，也要把唯物史观视域与文化哲学视域有机统一，把文化与人的自我意识、精神世界建构提上日程，处理好文化与人的关系，推进文化化人、文化育人的理论思考和实践落实。

在人类社会中，文化使人获具了改变世界、创造奇迹的能力与智慧。“一个国家、一个民族的强盛，总是以文化兴盛为支撑的。”文化代表一个国家、民族的内涵、精神气质和发展格局，反映一个国家软实力的状况。现代化的国家需要现代化的国民素质和国民形象。

第二章　现代人生存意义危机的学理性探析

文化作为社会结构的有机组成，其本体存在根据是为人的生活提供意义支撑，满足人的精神需要。当文化不能够提供这种功能，其职能丧失或弱化时，人必然遭遇生存意义危机。以现代化裹挟的工具理性的膨胀，其对价值理性的压抑可以说是一种世界现象，也是现代人生存意义危机的根源。解决人的生存意义危机，首先要对现代人生存意义危机作出学理上的阐释。

文化作为人的生存方式，既具有工具性作用也具有价值性作用；既要促进社会发展，更要促进人的发展；既要为美好的物质生活服务，也要为人们提供更高品质的精神生活，最终使人自觉意识到“人化”的文化真正要回归“为人”的本质。但是，现代文化的发达却有走向其自我否定的危险。这种文化的自我否定在西方已经实践化，在现代化进程中的中国已经初露端倪。加强对现代文化矛盾的研究，目的在于借鉴他山之石，看清自己应当怎么做。人在问题面前，必须去“思”和“想”，人要借助思想以反思自己同世界的关系以及人同自我的关系，提供对问题的解释和解决问题的新的思想观念，以寻找和确定在现代意义下总体性的“生存智慧”，这便是现代文化发展要解决的核心问题。

现代文化是在现代化运动中发展起来的，由于现代化发端于西方，伴随着现代化运动的理性主义文化也就成为现代文化的重要内涵。理性文化在西方有着很深的文明根源。作为广义的理性主义文化是作为宗教文化的对立面而发展起来的，是指一种反思与批判的思想意识和思考方式，代表着启蒙敢于运用理智的精神。当资本主义制度巩固之后，理性文化的作用发生了分化，作为工具和手段性的工具理性一路狂飙，而作为价值理性的文化被抑制。发展的矛盾导致工具理性的片面发展，“以文化物”的过度用力导致“以文化人”的缺位。即在文化大发展的同时，受“工具理性主义”影响，追逐丰裕的物质生活成为人的生活唯一目标，而科学文化由于对物质财富创造的巨大作用日益成为主宰和构思人的生活的思维方式。人文文化构思方式的价值和意义被挤压，精神生活淡出人的生命视野，人的生命品质也就大打折扣。

马克斯·韦伯曾经把理性区分为工具理性（相当于中国语境中的科技文化）和价值理性（相当于中国语境中的人文文化），并对两者的内涵进行了阐释。他指出，所谓工具理性是基于目的的合理性，是指对实现目的所运用的手段的评估，预测由此可能产生的后果，并在此基础上追求预定的目的。它以工具、技术和自然科学为标志。工具理性行为把功利目的、效用视为唯一目的，不问人生意义，漠视人们的内心情感和精神价值，拒绝考虑行为的目的是否符合终极价值，工具理性行动的前提是“现实是什么”。它的危险是将导致迷失生活方向。所谓价值理性指的是一种信念和理想的合理性，价值理性专注于责任、荣誉、美的追求、个人忠诚等这样一些信念，价值理性行为受激情、理想、信仰等因素所驱动，且实现这种信念与理想的手段也必须是符合价值的，价值理性行动的前提是“现实应该是什么”。马克斯·韦伯在批评现代西方社会时指出，现代西方的理性主义更多地体现了对工具理性的追求，社会生活的一切行动都是以工具理性为导向的。工具理性把人的注意力集中在对外部世界的控制上，它在造成资本主义物质文明方面固然功不可没。但是，对工具理性的过分倚重导致的是物质与精神的失衡，工具理性和价值理性的分裂，导致19世纪末理性主义的危机，非理性主义的泛滥。西方文化的危机是资本主义的文化危机，同时，它也是一种现代性文化的危机。研究这种现代性文化危机对于正处于现代化中的中国有重要的警示性。

“精神的重大使命是创立世界观”，世界观包括自然观、历史观、人生观，在文化视域中这“三观”的区分有何意义？哈贝马斯对“世界”的理解也许使这个问题更加清晰：他认为，“物质生活”对应于“客观世界”，“社会生活”对应于“社会世界”，“精神生活”对应于“主观世界”，三者主要涉及主客体关系、主体间关系和主体与自我的关系。① 由此可以推断，自然世界、社会世界和精神世界是人的世界的基本构成，人的世界缺少任何一个方面都是不完整的。正是在这个意义上，马克斯·韦伯认为，西方近代文明是理性主义的产物，而西方近代的理性主义体现了对工具理性的追求，表现出一种相互矛盾的两面性。自近现代以来发展起来的理性主义文化实质是一种偏重和关涉物质生活和社会生活，更多地体现为对工具理性的追求，工具理性把人的注意力集中到对外部世界的控制上，但是忽略人的精神生活，贬抑了人的内心需要，它以精神文化结构中科技文化与人文文化的两离、科技文化形成对人文文化的强势挤压为特征，科学主义成为文化发展的主流价值追求，理性主义文化的发展出现不平衡性，乃至严重的危机。现代社会的科学主义盛行，使人们迷信科学文化而贬抑人文文化，人们把前者称为“硬科学”，后者被称为“软科学”。“硬”与“软”的划分实质在人们心中是一种价值排序，硬重要，软次要，人文文化作为“软科学”自然要被边缘化。这客观上造成了人类文化发展中的“一手硬、一手软”的格局，形成对人文文化的排挤与消解态势，使人文文化的生存成为问题。人文文化的危机实质是文化发展中对“主体与自我关系”的遮蔽和消解，是人的精神生活的缺位，是对自我的遗忘，这与文艺复兴、宗教改革，尤其是启蒙运动倡导的消除蒙昧、开启民智、“以人为本”初衷已经背道而驰。20 世纪的人本

① Juergen Habermas, The Theory of Communicative Action, Vel.One, Translated by Thomas McCarthy, 1984, pp.51–52.

主义作为科学主义的反而动之，逐渐形成一种社会思潮，但是，仍然是以科学主义的对立面而生存发展的，人文主义作为科学主义的对立面，也只能是一种片面的深刻。

18世纪英国工业化以来，发展成为社会的主题和首位价值。由于科学技术在社会发展、在人类获取物质财富中作用的不断增强，其作为手段和工具的功利作用的日益突出，对科学技术的崇拜成为西方的精神信仰。同时，工具理性和价值理性的对立日益扩大。随着人们对物质财富追求的异化，一切有利于发展和财富增加的都是被推崇的，而不能直接带来利益和功利的都是被排斥的，由于科学技术能够极大地推动社会的变革和生产力的发展，促进经济得到迅猛增长，极大地提高人们的物质生活水平，科学技术的地位显著攀升，科技之剑被誉为新的“上帝之手”。科学技术被认定为理性本身，价值理性已然被排除在人们的选择范围之外，随之而来的是对工具理性的狂热追求。工具理性的绝对性主导与价值理性的“缺位”，两种文化关系的不平衡发展，直接导致人性的工具化、贫乏化、碎片化以及主体性的丧失。人们眼中除了物，不再有“自我关照”，人被物化了，自我意识的维度消解了，人类精神失落了，自我反思的能力弱化了，科技文化造成对人文文化的严重挤压，最本质的是挤压了人的生活意义和消解了伦理价值，人成为单向度的人。由此引发了人类的生存危机等一系列问题。

毋庸置疑，科学技术对于自然的改造作用，对于克服物质匮乏对人类生存的威胁，对人类社会发展和人的发展所需要的物质财富增长的作用是巨大的，科学技术已经以不以人的意志为转移的态势渗透到了人类社会生活的各个领域，成为主宰人的物质财富多寡的重要力量。如果说，在欧洲中世纪，人们凡事都求助于上帝，那么，现代人的意识和观念是一切问题的解决都有赖于科学技术，科学成为绝对真理的化身，真理的本性即为“理性”。而关于人生意义的追问都被斥为不科学的荒诞。启蒙运动一开始就带有的强烈的唯智倾向和务实倾向为科学主义埋下了伏笔。然而科技使用中结果的两重性使得人类又面临许多新的问题。正如马尔库塞曾指出的，现代科学并不再追问某些事物的人文向度含义，而是更多关心能够在技术上应用并衡量的东西，追问如何运用技术去工作，漠视技术本身的意义。对科学技术的迷信使人类偏执于合规律性的维度而遮蔽合目的性的维度，人的生活世界被窄化为物质生活，精神生活和精神世界都被物化了。

第一节　现代文化价值偏重：以科学文化思维构思生活

在西方初期现代化的逻辑中，发展是现代化的关键词，发展就等于经济增长，现代化就是物质现代化。人们已经把物质满足看作人的幸福的全部，人的精神生活已经无足轻重。按照德国著名社会学家马克斯·韦伯的认识，现代社会就是资本主义社会，理性化是近代资本主义时代的思想武器，现代化社会的文化本质是理性主义化，文化现代性构想的理论基础就是理性主义。某种意义上，西方现代文化可以概括为理性主义文化。在坚持理性主义为鲜明特征的西方近现代文化中，人们世界观的理性化在原初意义上是为了反对宗教的蒙昧主义，而具有了至高无上的地位。文艺复兴、宗教改革和启蒙运动开启了“理性主义”文化时代。追溯理性文化的本质及其发展历程不难发现，理性作为时代精神的精华为资本主义的确立和发展发挥了重要的精神导向和引领作用。

一、理性文化及其发展过程中形成的“两种文化”

关于理性的理解歧义丛生，马尔库塞对思想史上曾出现的关于理性的含义进行了梳理，“理性是主体与客体相互联系的中介；理性是人们借以控制自然和社会从而获得多样性满足的能力；理性是一种通过抽象而得到普遍规律的能力；理性是自由的思维主体借以超越现实的能力；理性是人们按照自然科学模式形成个人和社会生活的倾向。”① 这实际上也仅仅是列出几种观点，并没有完全概括出关于“理性”的全部含义，但是，理性上述种种能力本质上都是指人的能力，因此，“理性”实质上是“人”的代名词，“理性”被确立为人的根本。无论是经验论者还是唯理论者，他们都认为理性是代表着普遍有效性和确定性。在理性主义者看来，人类社会的一切，从社会的组织原则、人类所遵循的行为准则都应当符合理性；理性代表着“至真”“至善”和“至美”，理性应该成为人和万物追求的目标。

现代理性文化的生成与文艺复兴、宗教改革、启蒙运动三大社会文化思潮密不可分。文艺复兴旨在复兴古希腊、古罗马文化，文艺复兴的首要目的是挣脱上帝的枷锁，把人从上帝的奴役下解放出来，而经院哲学的上帝概念与亚里士多德的“至善”概念密切相关，亚里士多德认为，万物的目的是追求“至善”。“至善”等同于理性，它以自身的完满性激起万物的向往与追求，因而集目的因、运动因和形式因于一身，是三者的统一体。“至善”的意向营造在中世纪演变为全知全能的、自决自足的宗教概念——上帝。文艺复兴否定的是上帝的主体性，而把这种全知全能赋予了人的理性。宗教改革运动将世俗性的社会活动并入到宗教实践的范畴当中，这也就是马克斯·韦伯谈到的“新教伦理”。启蒙的本意是光明，其意图就是要以理性代替蒙昧。洛克的经验论和牛顿力学是启蒙运动的理性样板，启蒙运动所推崇的是一切进步发展都有固定的标准。人类社会现代化发展就是要以理性为工具，对自然界和人类社会从各个方面进行合理调控和全面发展，进而使人类利益最大化。

随着三大社会思想文化思潮的开展，不仅开创了理性的新时代，而且理性迅速占领了西方的文化舞台，使欧洲逐渐摆脱了中世纪浓重的宗教阴影而快步走向现代化。人们摆脱了宗教的束缚，从只依靠上帝到依靠人自身，将全部精力和关注的目光投入到创造更多的物质

① 刘丹：《“单向度”批判——马尔库塞〈单向度的人〉简析》，《学术月刊》2011 年第 3 期。

财富当中。这为理性文化的工具化或工具理性提供了可能性和必然性。工具理性也称技术理性，它是西方理性主义同现代科学技术相结合形成的技术理性主义文化理念，是在工业文明社会中以科学技术为核心的一种占统治地位的思维方式，是指通过实践的过程来验证工具的实用性，以寻求事物最强的功效，使人类的需要得到满足。马克斯・韦伯将数学形式等自然科学范畴所具有的量化与预测等理性计算的手段，用于检测生产力高度发展的西方资本主义社会人们自身的行为及后果是否合理的过程，叫作“工具理性。”① 其含义具体说就是为最大程度上实现人的某种功利性或物质性需求，在实践中使用某些形式或方法为达到某种目的服务的手段和工具。这种理性是工具价值的理性，工具之所以有价值，是因为它所服务的目的。工具的价值决定于其目的，而不顾及行为在“内容”上应有的善、正义等价值考量。近现代以来，工具理性主要指科学技术。科学技术作为工具理性的发展为人类的生存发展取得巨大进步起到了某种决定性的作用，人们通过科学技术手段提升生活品质创造了大量物质财富。但是，在资本主义社会，人们为了实现利益最大化，千方百计提高科学技术以为在竞争中取胜，获取剩余价值的动力客观上促进了科学技术的发展，由此产生了马克思所批判的商品拜物教和拜金主义，产生了马克思批判的劳动异化问题等。在资本主义制度下，人也被物化了，人的价值也被商品化和利益化，其工具性意义超过了人的目的性意义，人被物所支配，突出表现在判断一个人的社会地位时主要以他创造物质财富的多少作为衡量标准。由此看来，对于方法手段的适用性和有效性的关注成为工具理性的主要关注点。

在对物质财富近乎疯狂的攫取中，什么能够满足人对财富获得的需要什么就变得有价值。在众多获取物质财富的手段中，科学技术无疑是最有效的一种手段，但是我们要清楚地认识科学与技术不是同

① 参见［德］马克斯・韦伯：《经济与社会》上卷，林英远译，商务印书馆 1997 年版，第 65 页。

一概念，二者是有明确区别的。科学原指分科而学，指将各自知识通过细化分类研究，形成逐渐完整的知识体系。是关于发现发明创造实践，人类探索研究感悟宇宙万物变化规律的知识体系的总称，是一门理性的学问，技术是人类在遵循自然规律并改造自然过程中为满足自身需要应运而生的，囊括了过程中累积的方法和经验，是利用自然、改造自然的全部手段。科学是对规律的探索研究，技术则是利用规律对客观世界进行改造以实现目的的活动。著名学者哈贝马斯认为，正是由于科学与技术存在差异，所以在晚期资本主义社会之前，二者处于分离状态，只是进入晚期资本主义社会以后，它们才相互渗透并结合在一起。科学与技术的结合一开始就被赋予了过强的功利色彩和工具性质。哈贝马斯指出，只有科学与技术相互结合的情况下，科学技术才能变为第一生产力，19 世纪前不能说科学技术是生产力，晚期资本主义社会才是这种情形。19 世纪以来特别是第二次世界大战以来，科学技术以空前的规模和速度应用于生产，使物质生产的各个领域充分显示了科学技术的力量，这就是科学技术成为第一生产力的象征和说明。①

工具理性所要求的普遍性和确定性，以可预测和可计算的技术性方式来确立实现目标的最佳途径和最佳手段。其价值偏重在于：

第一，对于物质的需求相对于其他需求的绝对优先性。在资本主义商品拜物教和金钱拜物教的影响下，人们对于物质生活的狂热追求已经凌驾于其他各个方面，人的物质欲望日益炽烈。人们奋斗的终极目标就是为了获得更加丰富的物质生活，在这种情况下以科学技术为依托的工具理性得到了人类的疯狂追捧。由于空前膨胀的人的主体性，而以物质世界为自己生存的对象世界，工具理性通过最合理地利用资源促进生产的发展和财富的增长以满足人类物质需求。丹尼尔·贝尔称这种提高效率的工具理性为科学技巧，其精髓在于具有较高的投入产出比，从而使经济生活形成共赢的局面，而非此消彼

① 参见杨寿堪：《冲突与选择》，北京师范大学出版社 1996 年版，第 356 页。

长，使得“每个人最终都可能成为胜利者，尽管收获多少有所不同”，财富是人的价值的衡量标准。这直接导致了对人的情感需求和精神需求的弱化，财富增长的需求以绝对重要性占据了主导的地位。

第二，工具理性的本质是一种功利文化，是典型的寻求最优途径达致目的的功利性思维。实证主义、经验主义和功利主义潜移默化地影响着工具理性对价值意义的理解。基于非量化的抽象推论与实践事实的经验推论的神学著作和哲学著作成了以休谟为代表的怀疑主义者所抵制的对象，它喻示着任何形式的非理性追求诸如神话巫术和传统习惯，甚至浪漫主义的情感冲动与形而上的终极关怀都被工具理性排斥。一切都必须且能够用科学去解释，其价值也仅取决于实际应用中的功效。

第三，朴素实际的务实精神。工具理性主义品格随着时代的浪潮进一步地发展，人类理性的最高成就是运用知识把握自然规律和运用自然规律，以征服自然和控制自然。培根的“知识就是力量”成为时代的最强音。知识就是力量主要包含两个重要的方面：其一，启蒙理性诉诸于科学。对自然的认识方面，通过科技手段合理对自然界进行更有利于人类需求的改造。其二，启蒙理性诉诸于标准化技术。对自然的控制方面，科学知识的本质通过规范化、标准化的运用得以体现，显示出无与伦比的高效，并在社会生活各个领域扮演了极其重要的角色。

第四，基于自然数学的标准化逻辑思维。数学是建立在具体内容之上的抽象表征，其清晰、严谨和确定性使之成了标准化逻辑的基石。伽利略从数学符号的视角出发，把宇宙看成是一部数学著作，将自然数学化的这种模式作为理性认识的基本模式。遵循这种标准，“在时空世界中的无限多样的物体的共存本身是一种数学的理性的共存。”① 作为人类思维高级形式的理性思维，讲求证据、普遍性、逻辑

① ［德］胡塞尔：《欧洲科学危机和超验现象学》，张庆熊译，上海译文出版社 1988 年版，第 72 页。

推理和规范性，在其看来，任何事物都有固定的模型，并非是独一无二不可替代的存在，我们可以用相应的计算方法和公理定义将事物在形式上还原。工具理性正是基于数学的标准化逻辑将自然数学知识扩展到人类社会生活的各个领域。价值理性是“人类所独有的用以调节和控制人的欲望和行为的一种精神力量，也是以主体的意志和需要为出发点来进行价值活动的一种自控能力和规范原则”①。价值理性对于人而言具有内在性意义，价值理性纯粹是出于某种信念、信仰、价值判断，包括义务、尊严、美和尊严等，以此作为行动者的自律原则，这些原则的坚持仅在这些原则本身的精神价值和意义，而不是为了获取功利和实在的东西。对此，吴国盛的阐释极其新颖，“人文”二字常常并称就是因为“人”和“文”之间是一种相互构造的过程。价值理性之所以对于人具有意义，是因其自身和它的不可替代性；是说它本身就是人的活动目的，是人之为人的应有品质，它本身就值得去追求去重视，属于人性特有的，它的存在状态显示着人性的水平，以此把人与其他存在物区别开来。

在深入研究了人类活动之后，马克斯·韦伯提出价值理性是指在作为实践主体的人以理性认识为前提下选择和理解价值及其追求，本质上就是对人本身价值的确认、追求和建构。虽然价值理性是一种自觉的意识，但与感性有本质上的差异。“理性是人化（文明化）的产物，感性则更多地带有自然（天）的痕迹。”②这并不是说价值理性与感性完全没有瓜葛，如果价值理性彻底脱离感性，那么它必然会走向极端的自我否定。从某种程度上说，价值理性应该是来源于感性并超越感性，是对感性的一种扬弃与调控。从对物质需要的层面来看，价值理性既肯定人类对物质需要追求的重要性，也肯定人类追求精神生活的必要性，它不是简单地遵从于下意识，也不是以主观的看法为主导，而是对事物的本质进行追问和探索，确立起在认识和行动中有

① 吴增基：《理性精神的核心价值观及其在当代中国的意义》，《南开学报》2004 年第 4 期。

② 郭凤志：《价值观教育应把握好的三个问题》，《思想理论教育导刊》2004 年第 2 期。

利于人的长远发展和社会的健康稳定发展的尺度和原则。可见，价值理性是逐渐通过人类实践慢慢积累形成的一种对社会和人类负责任的价值良知和价值智慧。“这种智慧、良知、精神力量所诉求的是人自身的价值，是人存在的意义，是人的社会的全面协调发展，是人自身的自由而全面的发展，是人在现实中表现、确证、欣赏自己的完满性，是一种全面的方式，也就是说，作为一个完整的人占有自己的全面的本质。”①

从本质上说，人的生命意味着一个整体的文化世界，我们应当把人与世界作为一个一体化的发展“文化”过程加以考察，即从“人—自然—社会”这样的总体结构中去认识和把握。价值理性就是对自然界和人类“应该”是一种怎样的关系、人的生命存在的整体性认知和建构进行的探索，突出的是一种理性的思考方式，为应该如何建构实现这种关系进行判断和指导，对人类世界的终极关怀是其出发点，而终极关怀构成了人的精神世界的支柱。价值理性要建构的是一个人文的、有意义的世界，人与自然、人与社会以及人与自我水乳交融，和谐发展的世界，而不是单纯用物质堆砌的冰冷世界。创生于人类实践活动的价值理性其目的在于“改善和提高”“发展和优化”人的生命存在，不仅对人的社会实践进行判断指导，也对人的精神世界提供指引。其对人类的不可或缺性体现为：

第一，批判性和超越性。文化的价值就是一种精神谋划，是人的一种主观目的与追求，文化价值就是人对自己生命存在意义的理解和确定。文化中所隐含的关于人的价值实际上就是如何看待人生意义的问题，这些意义通过人的追求、信念和理想来表达。生命的价值就是对生存意义的追问，某种程度上说就是一种设定、一种前提性的重构，我“认定”这样的人生是有意义的、有价值的，“我”就把这样的人生目标的实现当作“我”的文化价值追求。所谓“设定”，就是

① 吴增基：《理性精神的核心价值观及其在当代中国的意义》，《南开学报》2004 年第 4 期。

你首先要确定你想拥有一种什么样的人生，这会作为一个目标和理想来引导你的整个生活不断超越现状。理想性是寄寓于精神生活中的价值理性的基本特性，面对现实存在的世界，批判性和超越性是价值理性表达对人类关怀的最主要特性。如何超越现状追求更好，并引导和帮助人们将自身的美好意向和实践行动统一起来，在对现实世界进行改造的同时也提升人类自我，实现美好生活和更优秀的自我是价值理性的根本，所以，价值理性是一种否定性意向。在这个过程中，理想作为一个自觉的文化指令，以"提神"的方式在指引你的生活，从盲目性、自在性地生存与存在向自为性地生活的发展。价值理性始终保持着这样的探索精神和前进的动力，因为人和动物最大的不同就是人要追求更好、健康、完美的生活，这种健康、完美的生活并不是实体性所指，因为对于健康、完美生活的追求具有无限性，就表现为人们不断地改变现状、超越性地生活，这种超越性的实现在于文化指令对于人的意识状态的一种改变。改变精神的文化自觉意识更重要，人在实际地改变世界和提升自我之前是首先在意识观念中有改变的意向和在精神世界中预演这一改变过程的。因此批判性与超越性是价值理性的根本特性。

第二，合目的性。合目的性指价值理性通过把握主体的内在需求使内在合目的性的需求向主体需求转化，成为人追求目标的指导思想，从而实现人自身的不断进步，推动人的自由与解放之行。如人的形体的成长"在很大程度上"是由文化环境所促成和控制的，"保健"作为一种价值理性和一种"应该"的生命"美好化"的文化意念和设计，本身就是一种"形象建构"，既包括一种关于自我身体的形象（体质和体形）塑造，也包括一种更内在和高级精神品质的培养。生活态度、工作态度和对待他人的交往态度构成了人的精神世界之世界观的外化，是人格理想的主要内容。正是这种人格理想为人们批判现实、"改造"现实，争取更好提供了动力性的"极坐标"的"原点"。在现实生活中，来自外界的诱惑和阻力时常影响着人的选择，能否坚持追求合理性的目标，是决定人及人类社会健康走向的一个重要内容和评判标准，而价值理性的合目的性正是确保人正确选择的重要依据。

第三，现实性。文化的自觉程度与人类文明进步程度是一致的，自人类进入文明社会以来，对于价值理想的追求就一直是人们不懈努力的主要追求和愿景。在现实生活中价值理想被付诸于实践之中，便有历史性的意义。价值理性源于现实又高于现实，使其在理想与现实、过去与现在之间保持活力。从这个意义上讲，价值理性不仅是一种内在精神，它是能够将自身力量转变为对象化的一种实践性力量，用以认识世界和改造世界，实现人的美好生活。

第四，历史性。人类的历史是在人的实践活动中展开的历史，价值理性作为指导实践的主导性思想也是在不断优化的。价值理性的核心是要建构一个自由平等，人与自然的和谐、人与社会的和谐及人与自我的和谐发展的理想境界，主要是通过对现实世界的批判与反思，在实践中努力去改造现存世界的不合理因素，以创造出理想世界。如在人与自然的关系中，人类的文化理念经历了以物为中心→以人为中心→人与自然和谐发展的价值观念的演变，人们正是在这种合乎目的性的推动下，在传统与现代的时空中不断提升人类自我反思能力，朝着构建理想世界的方向不懈奋斗，不断前进。在这个过程中人们通过不断改变生存环境，为自己的努力而获得更美好的生活。从这个角度上讲，价值理性作为历史实践的一部分对人类历史的绵延与发展作出了突出性的贡献。

二、工具理性和价值理性的分裂问题

在马克斯·韦伯看来，资本主义社会实质是以重视工具理性为特征的，前资本主义社会的特征是重视价值理性。韦伯这一对立性划分，其目的在于揭示资本主义社会在趋向理性化的过程中，在客观事实与意义价值、利益效率与理想信仰之间存在的紧张关系和矛盾冲突。近代启蒙所造成的市场化社会之强大的资本逻辑使然，导

致了在资本主义社会，生产是为了谋利，经济领域的盈利目的追求导致了“以手段支配目的”的工具理性大行其道，以所谓的客观性尺度压制了人性的尺度，由此构成了现代性不可克服的根本矛盾和两难悖论。最为严重的问题在于，工具理性的猖獗“直接表现为文化合理化剥夺了意义，社会合理化窒息了自由，一言以蔽之，现代性的后果集中表现为‘意义的丧失’与‘自由的丧失’这两个悲剧性的命题”①。

理性是人们认识世界、改造世界的方式。其中，工具理性是以客观的角度把世界看成是遵循一定规律运动发展的，想要改造客观世界必须依靠科学技术的力量才能实现，这是一个主体趋近于客体的过程，即物的尺度或者说客观性尺度。而价值理性是以人为主体，认为世界的发展是围绕人的发展展开的，这是一个使客体趋近于主体的过程，是人的尺度或者说价值尺度。由此我们可以看出，价值理性是以人为尺度，以人的思想情感为基础建立发展，表现出多样性、自由性和不确定性；工具理性则是以物为标准建立，依托于科技创造发展，表现出严谨性、确定性和逻辑性。在文化的认识中，根据其作用领域、作用方式的不同，人将自己和对象世界真正区分开来，这对于原始的主客不分的“混沌意识”无疑是一个巨大的进步。二者的分类研究使人们学会针对不同的问题用不同的手段寻找解决方法，为人类认识世界改造世界提供了更加有效的途径。在近代欧洲启蒙运动、宗教改革和文艺复兴运动中人文精神和科学精神携手作战，开创了新的理性时代，理性精神和人文精神共同成为人类成长进步的两大法宝。

然而，资本主义文化是一种世俗化的文化，理性和功利是其两大原则。支撑资本主义的经济观是功利主义，整个社会都被泛经济化，追求收入、财富、物质的繁荣是社会生活的核心。随着科学技术的快速发展，人们对物质生活的追求越来越狂热，对工具理性的崇拜

① 陈嘉明：《现代性与后现代性十五讲》，北京大学出版社 2006 年版，第 111 页。

致使科学主义占据了霸主地位，人被遗忘、人文精神日渐式微，工具理性与价值理性的矛盾开始显露出来。资本主义社会的生产方式及价值观念加速了二者之间矛盾的产生和分裂，价值理性与资本主义社会需要的功利和利益最大化的背离使得价值理性越来越不被重视，甚至被遗弃。美国学者 L. 罗蒂指出："到了 17、18 世纪，自然科学取代宗教成了思想生活的中心。由于思想生活世俗化了，一门称作'哲学'的世俗学科的观念开始处于显赫地位，这门学科以自然科学为楷模，却能够为道德和政治思考设定条件。"①

这里所说的"哲学"已经不是从前我们所理解的思辨哲学，而是作为工具理性代言人的哲学，此时的工具理性已然成为社会发展的主导，其霸主地位无可撼动，特别是随着 20 世纪发展壮大起来的科学哲学，使价值理性几乎没有落脚之地。以逻辑经验主义为代表的科学哲学认为，只有通过科学手段才能理解和把握世界的本质，赛拉斯认为，在理解和阐述世界的层面上，科学就是万物的尺度。这种片面的观点一方独大的情况使人性的关怀在人类社会中已经无足轻重，人们只是盲目的追求物质，却在追求的过程中遗失了自己。在这种不平衡发展的社会环境中，人类无法感到内心的充实与满足，许多人文主义学家开始了颠覆性的反击。以存在主义学派为例，他们大多认为科学技术会给人类社会带来不可弥补的损伤，并认为科学无法说明人存在的价值和意义，应该将人文思想从工具理性的压制中解救出来，"现代人类与其说是苦于缺少知识和科学真理，未能充分洞察客观世界的奥秘，不如说是苦于不善于用科学技术成果造福于人，不了解人的本性，未能充分洞察人的内心生活的奥秘。"② 在批判科学技术的同时，人文主义也彻底否认了客观规律的存在价值，使文化从一个极端走到另一个极端。

---

① ［美］罗蒂：《哲学与自然之镜》，李幼蒸译，生活 · 读书 · 新知三联书店 1987 年版，第 110 页。

② ［苏］米特洛欣：《二十世纪资产阶级哲学》，李昭时等译，商务印书馆 1983 年版，第 149 页。

第二节　近代西方科学文化构思与人文文化构思的对立

一、工具理性和价值理性分裂的传统基因追溯

工具理性和价值理性分裂的源头可以追溯到“希腊理性”时代。人类最早的科学出现在古希腊，现代的西方文明建基于古希腊的科学文明，“在人类历史上，是希腊人第一次形成了独具特色的理性自然观，这正是工具理性最基本的因素。”①

在古代社会中，人们把自然界看作是神秘不可侵犯的，人在自然界面前显得十分被动和畏惧自然。是古希腊人首先把自然从人的世界中独立出来并将其作为对象存在来研究对待。通过对自然的研究，他们揭示了自然界是有规律的存在，并且其规律还可以被人们所掌握的积极性认识成果。随后古希腊人创造出一种理性语言用以把握自然规律。主张人们通过对自然规律的把握，可以利用自然，改造自然，使自然界为人所用。古希腊人在掌握自然规律的过程中，创造性地利用了数学，对数学的重视使希腊人在天文学、光学、地理学等方面达到了当时最高水平的境界，并对近代科学的诞生发挥了里程碑式的作用。

西方历史上第一个自然哲学家和科学家泰勒斯将埃及的测地术引进希腊，并将之发展成为具有普遍性的几何学，提出“万物起源于水”的命题。毕达哥拉斯是西方历史上著名的数学家和哲学家，他所代表的学派认为万物之间的关系都可归结为整数与整数之比；而德谟克利特在两千多年前就提出了科学思想史上极为重要的“世界是原子组成”的朴素原子论思想；爱菲斯学派代表人物赫拉克利特认为“世界是一团永恒的活火”。由此可见，自然科学的种子在希腊理性时期

① [美] 马斯洛等著、林方主编：《人的潜能和价值：人本主义心理学译文集》，华夏出版社 1987 年版，第 344 页。

就已经被播种，并且成为古希腊工具理性的雏形。

而古代希腊的价值理性主要是探索人的价值，在希腊德尔菲神庙上的铭文是："人啊，认识你自自己。"古希腊哲人赫拉克利特的墓志铭是"我已寻找过我自己"；普罗泰格拉强调："人是万物的尺度。"古希腊的思想家们认为，人生在世必须要清楚地知道"我是谁？我从哪里来？要到哪里去？"简单地说就是"人是什么"的根本性问题。著名的希腊悲剧"斯芬克斯之谜"生动地讲述了当时人们对于"人是什么"这个问题的迷惑和执着追求。斯芬克斯这个问题的谜底是人，然而很多人都无法做出正确的回答，试问如果一个人连自己是什么都不知道，那么他与其他的自然存在又有什么区别？俄狄浦斯虽然解开了斯芬克斯之谜，但是俄狄浦斯仅仅说出了"人"的"表象"或"假象"，仅仅说出了"人"的"动物性"本质。这说明，俄狄浦斯并没有真正地"认识自己"。总之，在古希腊时期，人们对认识自然与认识人自己既困惑又执着。

从古希腊科学的萌芽到科学主义的盛行，最早要追溯到 17 世纪的伽利略。伽利略认为，你要了解自然，自然是一本书，这种书是用方块、圆圈、长方形写的，即都是用数学方法表达的，是能够量化的，这是一切知识所以成为知识的标准。培根强化了文艺复兴以来对自然的兴趣转向，一时间，"知识就是力量"主宰了一切声音，形成一种"话语霸权"。培根提出自然研究的唯一目标就是发展人征服自然的力量，从而对自然进行统治，而统治自然只能依靠人从自然中获得的知识与技艺。知识是权力，也是力量。培根所揭示的科学的任务及人在统治自然中的价值，在启蒙运动高扬的理性主义的催化下，逐步发展起来了，并构成人的新的存在坐标与实存生活的价值定位，它不仅成为一种强势文化，而且把人文文化挤压到边缘。

启蒙运动开始的西方工具理性的越位导致了价值理性的沦落。17 世纪至 18 世纪间的思想解放运动确立了理性文化的地位。启蒙运动主要代表人物德国著名哲学家伊曼努尔 · 康德在《什么是启蒙》一书中指出："启蒙就是人从他咎由自取的受监护状态走出。受监护状态就是没有他人的指导就不能使用自己的理智的状态。”① 后来人们便用“启蒙时代”这一名称表明人类由黑暗步入光明的特定历史过程和特定历史时期。

18 世纪的英国，工厂手工业逐步被大机器所代替，生产力迅猛发展，历史上称之为“工业革命”或现代化。以牛顿为代表的自然科学家开辟了从经验知识获得理性的过程。在法国，随着法国大革命的胜利，以斯宾诺莎、笛卡尔为代表的思想家对理性的传播和发展，将近代理性推到时代的前沿，成为一股不可取代的强大力量，为人所用。恩格斯称这个时代“是世界用头立地的时代”，理性就是一切，“他们不承认任何外界的权威，不管这种权威是什么样的。宗教、自然观、社会、国家制度，一切都受到了最无情的批判；一切都必须在理性的法庭面前为自己的存在作辩护或者放弃存在的权利。思维着的知性成了衡量一切的唯一尺度。”②

英国的工业革命，是在科学技术的推动下机器大工业替代工场手工业的产业革命，这既是生产技术上的革命，又是社会生产关系的重大变革。以机器为主体的生产方式代替了以手工技术为基础的生产方式，使能源成为这场革命的主要动力因素。机器力代替了人力、畜力，动力机与工作机结合导致了轮船、火车、汽车等一系列重大发明。恩格斯曾说：“分工，水力特别是蒸汽力的利用，机器装置的应用，这就是从上世纪中叶起工业用来摇撼世界基础的三个伟大的杠杆。”③ 工业革命的意义是巨大的。第一，它极大地提高了劳动生产率，有力地促进了生产力的飞速发展。人类改变了数百万年来使用手工工具的传统，跨入了机器大生产的时代，使“资产阶级在它的不到一百年的阶级统治中所创造的生产力，比过去一切世代创造的全部生产力还要多、还要大”④。第二，它推动了新兴产业部门的崛起和生产

① 《康德著作全集》第 8 卷，中国人民大学出版社 2013 年版，第 40 页。

② 《马克思恩格斯选集》第 3 卷，人民出版社 2012 年版，第 775 页。

③ 《马克思恩格斯选集》第 1 卷，人民出版社 2012 年版，第 406 页。

④ 《马克思恩格斯选集》第 1 卷，人民出版社 2012 年版，第 405 页。

技术的根本变革。蒸汽机的广泛应用，促进了机器制造业、钢铁工业、交通运输业的大发展，改变了传统的生产方法、生产设备、生产规模和生产结构，创造了一个物质富足的文明社会。第三，工业革命为人类理性提供了驰骋的空间，提高了脑力劳动在整个劳动结构中的比重。生产力的提高，加剧了社会分工，也使社会变得更加丰富多彩，为思想家的自由创造和灵感闪现插上了自由和想象的翅膀。第四，工业革命开辟了工业现代化的方向。它不仅对当时的欧洲起了示范作用，而且确立了整个人类现代文明的发展格局。

由此，我们可以认为，现代化过程起始于 18 世纪欧洲第一次工业革命，它的特点是：以科学技术革命为动力，使机器力、技术力代替自然力和人力，煤、石油、天然气等非再生性能源成为主要的能源对象，生产方式的变化使生产过程发生根本性改变，市场对于经济增长的影响越来越大，生产方式与交换方式趋于国际化、全球化，社会组织有序化。它的演进趋势是：经济组织和社会组织越来越趋于复杂化、全球一体化；人的主体性日益凸显，人对自然的关系无论从地位还是作用方式上发生了根本变化，客观上人类对自然的认识和改造能力有了显著提高，对自然的支配能力越来越强大，人类中心主义世界观逐步确立。在社会形态发展中，经济更加市场化、政治发展趋于民主化、文化价值观趋于多元化；社会变革和经济增长趋于加速化。

自第二次工业革命以来，“电气时代”促进了科学技术的飞速发展，科学技术开始渗透进入人类社会生活的每个领域，成为全球经济增长最有力的推动者。在思想领域，工具理性日益突显、膨胀，以至吞噬和同化价值理性。分析哲学的创始者罗素认为，我们应该将问题转化为逻辑符号，这样人们就能够更容易地得出结果，他认为理性和自然科学方法论在原则上是相同的。他说：“凡知识必来自自然科学方法，凡自然科学无法发现者，必是不可认识的：所谓的价值问题亦是如此，因而根本不存在道德知识。”①

① ［英］A. N. 怀特海：《科学与近代世界》，何钦译，商务印书馆 1989 年版，第 98 页。

马克斯·韦伯认为，工具理性的膨胀是由资本主义社会工业化生产所导致的。科学之所以能够成为工具理性的主要表现方式并与其成为共同体，一方面是由于科学与理性有相同的目标，即恢复人性摆脱神的统治。另一方面是科学立足于客观世界，以理性思维和理性知识获得真理。随着人们对于科学知识学习的广泛和科学手段的运用，对于自然世界和人类世界的理解也逐步深入，对世界的理解变得更加真实。但是这种绝对的理性缺少了对人性的关怀，这与最初理性萌芽时的初衷背道而驰，物质成为衡量一切的尺度，科学技术的进步就是人类的进步，科学技术的发展就是人类社会的发展，价值本身则成了一种普遍的控制工具。

在当今社会以科学为基础的工具理性已然获得一个占统治地位并在实际上成为独立要素的位置，而推翻了现存的一切平衡，在为时不长的几百年里，它的表现和影响极大地增长着，大大超过了其他的文化形式，致使其遮蔽了人文文化以及与人性有关的文化存在价值。

二、工具理性与价值理性分裂的归因分析

首先，指导人类实践的文化理念思想误区误导了人类的价值偏好，理性功利务实价值观的强化和泛化出了问题。人类对物质财富追求的异化是导致工具理性和价值理性分裂的最根本原因。精神财富和物质财富是构成和满足人类需求的两大基本方面，人类的生存和发展不仅需要物质生活资料的保障，也需要精神财富上的供给。然而资本主义社会的发展是在资本本性驱动下前行的，获利是一切的最高原则，这种社会的主导性价值观必然引导人们热衷于对于物质财富的追求，而忽视精神层面上的需求，造成物质财富发展与精神生产的严重失衡。

现代西方社会价值观的变迁经历了漫长的过程，若对这一变迁过程进行阶段和特征的总结，托夫勒的概括是具有启发性的，他的大意是指，在农业社会中暴力是权力，是支配社会的一切；在工业社会中金钱是主宰，是最高的价值物；在未来信息社会中知识是真正的掌

权人，一切将由知识来衡量。而这里的知识指的就是以科学技术为内容的工具理性，由此可见，资本主义建立的文明社会中价值观本身是存在单一性和不平衡性问题的。人的需要是多方面的，社会应该是全面发展的，信息社会比较其他时期物质生活的确有了飞跃式的增长，但是当人们把追求物质财富当作是最为重要的人生目标时，人本身的意义就正在被消减。科学技术作为一种全新的价值观植入人们的思维并占统治地位，科技水平成为衡量一个国家、一个民族发展进步的标准，人文领域的东西在功利和务实的社会环境下根本没有立足之地。这种情况导致的直接后果是一些人为了积累物质财富不择手段、唯利是图，人类只关注如何不断更新创造技术，改善物质生活，但是精神生活却越来越空虚，人的价值开始沦丧，人在物质的世界里迷失了方向。进入 19 世纪后这一矛盾日益凸显，灾难频繁降临：信仰危机、社会分化、拜金主义、商品拜物教、人的异化、战争危机等，这些问题的出现足以应当引起我们对所崇尚的理性的反思。

毋庸置疑，科学技术的发展是社会发展的革命力量，科学知识也是人类摆脱愚昧的重要力量，科学技术尤其在推动经济增长、社会进步和人的发展方面功效显著。但是，不能说经济增长就等于社会发展，社会发展也不等于人的发展，判断社会是否发展还应该考察社会的政治和文化是否得到发展，人民生活的是否幸福。同样也不能仅仅用物质财富来量化人的价值，以科学技术作为主体内容的工具理性对幸福生活、理想世界的定义是不完整的。这并不是否定工具理性对于人类的意义，而是工具理性在其能够解决的问题域中是极其有效的，科学是现代社会最值得骄傲的成就，科技与生产力的结合，为人类创造了前所未有的物质财富，使人类在物质文明方面进入了一个崭新的时代。但是，人类社会和人是极其复杂的，有些问题是工具理性无法解决的，比如，美好生活既是指物质生活的富裕也是指精神生活的充实，人生既要解决生存问题也要解决人生意义和人生价值问题等，而科学是从来不触及这些问题的，甚至是排斥这些人生意义问题的。文化中工具理性与价值理性的分裂构成了现代性逻辑的悖论。

对工具理性和价值理性发展不平衡所带来的问题，我们不能因为工具理性带来的不利影响就对其完全否定，有些学者提出回到“自然状态”这是完全不可取的。工具理性给我们带来的丰富的物质和舒适的生活，这是社会的一种进步，对于伴随其发展产生的问题我们要努力解决，而不是停止发展向后看。纵观人类社会的发展，问题从来就没有间断过，人类就是在发现问题、解决问题中不断进步向前发展的，工具理性和价值理性分裂的问题，也是人类发展中产生的问题之一，只能用发展来进一步去解决。

其次，科学技术创造物质财富的巨大力量造成了工具理性主义崇拜。从科学技术演化的历史看，人类社会经历了石器时代、铁器时代、机器时代和信息时代，每一时代都有它区别于其他时代的价值观念。

石器时代，人类尚处在原始的蒙昧状态之中，那时人类的所谓“科学技术”还是一些经验层面的技能，总体上还十分落后，甚至还没有现代意义上的科学技术。落后的技术与落后的生产力水平和人们生活条件的恶劣是一致的。当时人的价值观念是极其简单的，只能在对自然现象的模糊认识中，借助原始宗教思维来预设自己活动的价值。原始社会中最高的价值观念是图腾崇拜，并以这种赋予图腾的价值观念来表征人生意义、人的义务、罪恶观念等价值内容。铁器的出现使生产力水平有了较大的提高，为人类提供了较为丰富的生活资料，促进了文明的进步，人类社会过渡到农业社会。由于剩余产品的出现导致了阶级的分化，于是产生了阶级观念、私有观念和权力地位观念，人们价值观的基本倾向开始注重人伦。中国形成了“三纲五常”的价值体系，西方则提出了“人是万物的尺度”的口号。机器时代是从文艺复兴开始的资本主义时代。这一时期科学技术发展迅速，物质生活大为改观，人类开始以自然的主人自居，以征服者的姿态去对待自然界。“知识就是力量”“给我物质，我能造出地球”等滋生了人们追求物质享乐、崇尚工具理性的价值情怀。

20 世纪到来的信息时代，将计算机技术、网络信息技术、电子智能技术等高科技带入了人们的生活，拓宽了人类发展的视野。智能科技的力量使人们更容易、快捷地获得物质财富，随之而来的是金钱拜物主义和享乐主义占据了人类价值观的核心位置，科学主义成为人们征服一切、获取物质财富的主导意识。这时的科学技术早已不是一种认识世界改造世界的手段，而是占据核心地位的一种社会活动，这种社会活动就是工具理性的社会化。在工具理性社会化的过程中，人摆脱了愚昧无知，学会利用发明创造改造自然，改善生活，可以说没有工具理性就没有人类文明的发展，正因如此人类对科学技术愈加依赖，对工具理性愈加崇拜，而过度的依赖和崇拜只会导致只见物质不见人的极端情况，对自然的破坏、对生态资源的掠夺、对其他民族和国家的侵略都是这种问题的现实表现，如何把握好这个尺度是我们要思考的问题。

最后，人类知识划分的简单化与绝对化。工具理性与价值理性的对立误导了人文文化的“科学化”倾向。科技文化的昌盛，使其成为衡量一切存在是否合理的最终标准，人文文化趋向“科学”成为一种时髦，这反而使人文文化丧失自身个性，陷入不伦不类的窘态，进一步加剧了自身的生存危机。正如王岳川指出的：“在人文科学长期僵化思想压抑中，无法寻绎到新的思想资源和入思角度催生新的思想，也无力从人文体系中产生新思维的平台。于是以‘科学’的名义，寻找人文科学转型的基地，成为时代的内在焦虑和要求。并进而在科学方法论中，获得人文科学学术思想转型的可能性。这样，中国学术史就前所未有地出现了用自然科学方法全面而整体地进入人文研究领域的现象。”①

人文知识与科学知识是人类知识结构中最主要的两大体系，自从 19 世纪 50 年代斯宾塞提出“科学知识最有价值”的结论后，各个国家的教育开始发生根本性变化，科学课程逐渐在学校知识课程中占据了主要地位。知识的传授成为教育的主要内容，在一定意义上我们

① 王岳川：《文艺方法论与本体论研究在中国》，《广东社会科学》2003 年第 2 期。

可以将教育理解为是借助知识的传授，将人类在其发展的历史过程中所积累起来的物质文明和精神文明成果内化为新生一代的文化去养成受教育者符合社会要求的行为模式，可以说离开了知识的传授，就没有教育。没有知识作为基底，我们就无法在教育的范围内谈人的发展。而如今，我们的知识结构体系似乎过于注重科学知识的教育，人文知识只是科学知识的补充和“仆人”。实际上，科学知识和人文知识就像我们的双手一样，缺一不可。爱因斯坦曾说过：“科学只能告诉我们‘是什么’，却不能解决‘应当怎么’的问题。”“应当怎样做”还是要靠人文知识给我们指引。科学技术只能解决“是否”而不能进行“价值判断”，“价值判断”还是要由人文知识来解决。人类的知识体系只有科学知识是最为重要的吗？答案显然是否定的。实际上正是因为人类这种简单的知识划分才导致价值理性和工具理性如今这种对立紧张的关系。

三、工具理性与价值理性分裂的危害

工具理性和价值理性作为我们认识世界改造世界追求美好生活的两种文化形式理应各司其职，共同为人类获得更美好的生活发挥各自的作用。但是，科技文化的过度膨胀把很多东西都解构了，所有人的精神生活都受到了挑战，人的生存危机日益严重。而自20世纪以来的实际状况是，工具理性的极度膨胀挤压了价值理性的存在的合法性，而价值理性对工具理性的反抗是以对工具理性的否定性发展起来的，这显然是以一种极端对抗另一种极端，以一种片面取代另一种片面，工具理性和价值理性已然是互相割裂缺少融合沟通的状态。

启蒙运动的理性主义思想认为科学的目标与人类幸福的目标是一致的，确定了人的自我生存的基本样态与目的导向，从而也预示了启蒙之后的科学所带来的物质繁荣和科学对人的精神生活的遮蔽的危机。C. P. 斯诺则是以文字形式把两种文化的矛盾公开化并引起人们警觉的第一人。自1959年斯诺在一次演讲中提出两种文化的概念，两种文化的使用就不可阻挡地在国际间传播开来。斯诺认为，文化存

在两种形式，一种是人文学者的文化，一种是科技专家的文化。斯诺发现，“他们的才智相近、种族相同、社会出身差别不大、收入相差不多，但却几乎没有什么沟通”，甚至“他们在学术、道德和心理状态等方面的共同点”也非常之少，他们之间的文化理念和价值观念产生了严重的差异，彼此不能认同。1959 年，斯诺在英国剑桥大学作了一次有名的讲演，题为《两种文化》，并提出一种历史性的悖论。他说，所有的科学家都在指责文学家，说你们根本不懂得科学，你们不知道组织这个世界的最基本分子式，不知道隐含在这个世界的数理规则，不知道原子裂变所释放的能量，难道你们有文化吗？你们可以写一部很好的小说，但大学一年级的课程你绝对通不过，所以，你没有文化。小说家反过来向科学家进行挑战，你除了懂得那一点符号外，你的其他精神活动都萎缩了，你没有人的情感、人的理想、人的意识、人的欲望，所以，你没有文化。可见，这个文化的尺度在科学和人文两个阵地上如此地不相容。斯诺呼吁人们注意这种分裂给人造成的危害。他指出：“这种两极化对我们大家只能造成损失，对我们人民、我们社会也是一样。同时这也是实践的、智力的和创造性的损失。”① 斯诺指出了一个普遍存在而又被普遍忽视的现象，并使科技文化与人文文化的矛盾正式凸显出来。

近代工具理性的快速发展促使自然科学的发展并推动了物质文明的昌盛，提倡积极进取和不断创新的精神，推动了社会的繁荣和进步。但缺少价值理性指导的工具理性的过度膨胀，把自然看成是人类宰制的对象，公然挑战了人类对自然存在所具有的依附性、人是自然的一部分的客观事实。从根本上背离了唯物主义原则，也使我们能够更深刻地理解人的能动性是在坚持唯物主义客观性原则基础上的发挥和施展这一辩证唯物主义原理的真理性和价值性所在。人类对自然资源的开采应该是有所节制的，向自然索取能源应当是在保证生态平衡

① ［英］C.P. 斯诺：《两种文化》，纪树立译，生活 · 读书 · 新知三联书店 1994 年版，第 11 页。

的前提下进行，而不是无节制的索取。当工具理性渗透和挪用至社会领域成为一种社会原则时，必然把人们的追求引导到对物质财富的占有和享受上，从而使人迷恋于物质利益而不能自拔，最终变为物质的俘虏和机器的奴隶，由此还引发了人间的各种丑恶现象和社会生态危机，对世界和人类造成严重危害。

首先，工具理性膨胀、科技伦理滞后导致全球性生态危机问题的爆发。全球性生态危机的爆发主要是由于人类无节制地追求经济增长和创造物质财富而引起的。全球问题是指影响人类生存和社会经济进一步发展的、由科学技术加速发展、经济直接增长的极其复杂的一系列社会问题、环境问题的总和，它们“相互纠缠、相互联结，难解难分地集成一团，它们在规模上具有全球性，在性质上涉及全人类的利益，在解决时要求全世界范围内协同一致的努力”①。

海德格尔在 20 世纪 30 年代就倡导寻找新的栖息地，从而延续人类的生存。海德格尔认为，在主客二分的观点支配下，科学技术继续发展，人的主体性地位凸显，人类开始自我膨胀，出现技术控制和“座架”人的危机，这是“对精神力量的剥夺”，从而使人被遗忘，人的生存出现危机。精神是人存在的根本，是唯一具有能动性和调控力量的存在，精神被剥夺后，人类便无所顾忌地、疯狂地走向自然，向自然索取，对自然发号施令，对地球无休止的开发、挖掘、倾泻和挥霍。这就是工具理性无可遏制的本质和趋势，面对工具理性千篇一律的制造意愿，世界上的一切都沦陷为技术的材料，甚至人也没有例外。在缺少价值理性约束的工具理性推动下，无止境的开采与破坏造成史无前例的全球生态危机。由此造成的危害首先表现为自然环境的破坏。海德格尔把自然看成人和生物生存的基础，认为失去基础的世界悬挂在深渊上。生态危机对于人类就是无底深渊。“人本身及其事物都面临一种日益增长的危险，就是要变成单纯的材料以及变成对象

① 徐崇温：《全球问题和“人类困境”——罗马俱乐部的思想和活动》，辽宁人民出版社 1986 年版，第 6 页。

化的功能，贯彻意图者的上层地位又更扩大了危险的范围，人在无条件的制造这回事上失掉他自己的危险，落在人本质上的威胁是从这种本质本身中增长起来的。”① 在人类对自己所创造的“成果”和取得的“地位”沾沾自喜时，以环境污染和生态危机为标志的自然界对人类的报复已经呈现。

对经济增长的无限追求衍生的消费主义文化加剧了资源和能源的枯竭。资本的逐利本性刺激着生产的发展和人类对财富的占有欲望，这必然给环境、资源和能源带来巨大压力。据《2010 年全球研究报告》表明，根据已探明储量，世界上主要矿产品如铅、锌、汞、银、锡、硫、铜等，其开采利用年限已不足 50 年，随着科学技术的快速发展，人类对能源的需求越来越大，石油、煤、天然气等不可再生能源也将迅速被掏空，人类的可持续发展成为问题。更有学者预言，21 世纪导致战争的最直接因素将是能源的争夺。

生态环境的污染和破坏。如果说 20 世纪上半叶因空气和水污染而导致“八大公害”事件还只是个别项目的污染问题，那么如今因生态破坏而导致的污染问题已覆盖全世界。人类刚刚为自己取得的成绩欢呼庆祝之时，接踵而来的就是以过量损耗环境和能源为代价的经济增长也已到达瓶颈，因为生态危机不消除人类将无法安然生存在这个世界上。事实证明，科学技术不能解决所有问题，虽然它能丰富我们的物质生活，改善生存环境，但是缺少价值理性的引导，就失去了对人的终极价值的依托，失去了人的价值意义。海德格尔对人类中心主义的批评其实就是对人与自然未来关系的关注。

其次，缺乏价值理性约束的科技成果的滥用引发灾难性的社会后果。目前，人类面临着科技成果滥用可能引发的灾难性后果的严峻威胁，其中包括：一是热核灾难；二是类似克隆技术等带有不可控制后果的科学发现被用于军事等目的；三是遗传危险或退化；四是人们对大自然的滥用，导致自下而上条件不可逆转的恶化；五是人类盲目

① 洪谦：《西方现代资产阶级哲学论著选辑》，商务印书馆 1993 年版，第 79 页。

繁殖，人口大量过剩；六是出现危险人工智能物，存在其挤掉或消灭人类，以人工智能文明取代人类——生物文明的危险性。这些因素显然大多与科学有关。科学是人类所创造的，然而对其利用难以恰当而有效地加以控制，于是它便有可能成为统治人类的异己力量，随时都有可能将其创造者加以毁灭。这不仅有深刻的历史教训，而且仍然是存在着的现实危机。资本家利用工具理性务实性的、功利性的特点使生产最大化，而生产需要自然资源的补给，于是自然资源越来越少，自然与人的关系越来越紧张，只要资本统治不改变，世界风险必然不断加大。

同时，资本主义制度将科学技术融入军事、政治中去，科技成了资本掠取财富的手段，尤其是科技被运用到战争中去，无数国家和人民遭受到战争的摧残。李约瑟对此提出了质疑和谴责，认为这些发明创造足以令科学具有了法西斯主义的形象，成为一种“为暴利和国防的科学”，只专注于自己专业的科学家对政治、社会漠不关心，变成了“科学的麻醉剂”，给人类带来了与中世纪宗教一样严重的危害。

上述提及的问题有传统科学观所导致的观念偏颇，属于认识论层面的问题，也有科学发展方向及其利用上失当的问题，后者的根源在于社会政治及制度的缺陷。从这两个层面上看，都可能导致人文学者对科学的不满和抵制。一方面，传统科学观的客观主义等主张及其对人文现象的消解和排斥，必然深化科学与人文的对立。另一方面，科学研究发展方向及其成果利用上的失当，无疑要加以批判与纠正，正直的科学家对此自然也是赞同的。实际上，科学成果的滥用，以及工具理性与价值理性的分裂对立，主要应归因于资本主义制度的根本缺陷，因为它所奉行的是物质财富增长优先于人本身发展的原则，其文明是以牺牲大多数人的自由发展为代价的。看不到这一点，对工具理性的批判就难有公正的态度。最为典型的例子可举法兰克福学派，它最终将对资本主义不合理制度的批判转变成对科学技术本身的批判，使科学变成了替罪羊。视科学为社会不合理性的根源与实质，这无疑是找错了对象，甚至于颠倒了是非黑白，这样不仅无法使科学家信服，而且会使两种文化的代表人物加深敌对情绪，从而加剧工具理性和价值理性的分裂。

最后，工具理性对人类精神生活的遮蔽和挤压。它直接导致的一个现实后果是人的“物化”问题。马克思曾运用阶级分析方法剖析资本主义社会由于科技理性的过度膨胀导致人的“异化”现象，指出，在资本主义制度下，人受到自然、社会关系的双重奴役，人和物、人和人之间普遍存在着“异化”现象，这固然是社会制度造成的。但是，从文化的角度看，资本主义社会对科技的迷信，使其在创造高度物质文明的同时，丧失了社会发展的价值尺度，消解了人性的丰富性、深刻性和精神性，人成为一种物化存在，一种单向度的存在。人把索取物质财富和占有物质财富看成是人的本质力量的最集中体现，人格也被物化为金钱和物质财富的等价物。这种文化价值造成了资本主义工业社会人人忧虑的道德沦丧。“人在把自己当成绝对主体进行‘嗜物’活动的同时，却在道德和精神的层面上放弃了自己的主体性，而这种嗜物的‘主体性’其实是一种反人性、反理智的动物性。”①“物性”在“人性”面前施威，是一种典型的文化逆变现象，文化也就走向了它的反面。工具理性与价值理性的分裂最严重的表现就是社会物欲横流，人被物化，人沦落为赚钱的工具。针对这种情况，韦伯深刻指出，资本主义的理性精神完全是一种“工具理性和价值非理性”，是一种“形式理性和实质非理性”。这一切的根源在于资本主义的社会结构与其文化价值之间所存在的无法消解的冲突。

第二次世界大战之后，美国哈佛大学等名校针对教育的科技化、工具化和职业化等倾向，曾提出了包含艺术和其他人文学科的“通识教育”。从整体的社会发展来说，伴随现代化过程中的工业化、城市化、信息化和市场化步伐，人文文化的存在和发展对于不断膨胀的工具理性、精神焦虑与金钱拜物，是一种人文精神的疗治和补缺。

值得反思的是，人类自产生以来，就把“认识你自己”当作一

① 李鹏程：《当代文化哲学沉思》，人民出版社 2008 年版，第 96 页。

项必须思考和要努力解决的问题，这是一个关系到人的生存意义和方向的大问题。中世纪的文化曾想以“神”的高度把人引向一种“异化了的崇高”，而现代西方文化在解放人的同时却又降低了做人的高度，它选择了新的参照对象，即要努力把人同动物区别开，人之所以为人在于人不同于动物。可是，从文化的意义上看，现代文化的“高明”只不过是把人塑造成了逐物的工具。马克思针对在资本主义制度下物化倾向愈益严重的情况进行深刻的哲学反思，思考造成“人的异化”的社会文化原因，揭露了在资本主义社会中工人不仅受到资本家的压迫和剥削，也受到他自己生产出来的产品的严重束缚。工人劳动不是工人本性的一部分，他在劳动中无法发挥自己的才能，他感到痛苦和精疲力尽。在劳动中他自己属于他人，失去了“个性”。马克思指出，造成人性异化的根源是资本主义私有制度，这包括资本主义经济制度、政治制度和文化制度对人的全面奴役。马克思对资本主义现实中“物骑在鞍上，驱使着人”的制度讽刺与揭露不仅具有历史的价值，而且在今天仍然闪烁着真理的光辉。

胡塞尔曾经深刻指出，启蒙以后的自然世界观和科学的实证范式抽掉了一切精神的东西，抽掉了一切在实践中的生活世界的文化价值特性。“随着人对世界的认识力量的日益扩展与完善，人也能日益有效地控制人的实践的周围世界，而这个周围世界也在无限的进步中不断扩大。这也涉及对属于这个实在的周围世界中的人类本身的控制，即控制他自己和他的伙伴。人拥有了更大的驾驭自己命运的力量，从而能获得更加完善的、对一般人来说理性的思考的幸福。”①

启蒙运动所高扬的理性是作为强有力的工具价值被歌颂的，它对人的有用性又是体现在使用价值上，这是西方社会进入近代和现代后的最重要转变，在这种社会环境下，道德便成了调整人的欲望和利益的工具，人如何创造使用价值并成功获取和支配使用价值成为道德

① [德] E. 胡塞尔：《欧洲科学的危机和超验现象学》，张庆熊译，上海译文出版社 1988 年版，第 78 页。

品质和人的价值的表现。按照舍勒的说法，价值序列在现代最深刻的变化是生命价值隶属于有用价值，且隶属程度不断加重。

韦伯所说的价值理性与工具理性关系具体化为道德领域的问题，实质就是麦金太尔所说的关于德性与外在利益和内在利益的矛盾关系问题。麦金太尔认为：“德性与外在利益和内在利益有一种不同的关系。拥有德性就必然可获得内在利益；也完全有可能使我们在获取外在利益时受挫。在这个意义上，我需要强调的是，外在利益是真正的利益。不仅它们在本质上是人类欲求的客体，它们的社会分配使正义和慷慨的德性有了意义，除了某些伪善者外，无人完全藐视它们。但声誉扫地的是，养成真诚、正义和勇敢的品格，常常使我们远离于富裕，声望或权势，虽然世俗中人有很大的偶然性。因而，虽然我们也许希望，我们因拥有德性，不仅可以达到卓越的水准和获得某种实践的内在利益，而且成为富有的，有声望和有权势的人，可德性总是实现这种周全抱负的潜在绊脚石。”[①] 如果在某个社会，对外在利益的追求变得压倒一切，德性的本性就会被改变，然后几近被抹杀。本来，人的活动应当遵循双重尺度，即物的尺度与人的尺度的统一、客观尺度与价值尺度的统一、合规律性与合目的性的统一，所以，企图“取消在物理世界之上的人的价值和意义世界的存在。须知，进入人的实践活动范围的物质不再是抽象的自然物质，而是属于人的社会物质生活条件或物质文明的范畴，有着人类文化和社会的规定性，从而也就有一个属于应然的价值和意义问题；价值与意义的产生和评判都离不开人的精神及其创造活动”[②]。但现实中人类常常是顾此失彼。

马尔库塞指出，科技时代的理性排斥价值理性，崇尚工具理性，理想由多样性变为单一性，这种变化使手段和目的之间关系对换，使得整个人类社会异化。由此可见，工具理性所带来的物质丰富并没有让人们幸福指数成比例上升，劳动的异化抑制了人类的潜力和创造

① ［美］麦金太尔：《德性之后》，龚群等译，中国社会科学出版社 1997 年版，第 248 页。

② 张曙光：《论作为现实和理论问题的“精神”》，《哲学研究》2003 年第 12 期。

力，人成了机器的附属品，成了工具理性的工具，这必然导致人的价值的迷失，导致人类社会的扭曲。这客观上提出了整合工具理性和价值理性的诉求。

第三节　两种文化构思统合的必要性

整合工具理性和价值理性是一项重要的时代课题。因工具理性和价值理性分裂状态的加剧，所导致的生态问题、社会问题和精神家园的迷失，需要我们正视并平衡二者的发展。想要改善这种状态首先要树立新的价值观，其次要在实践中有意识地整合工具理性和价值理性之间的关系。

一、整合工具理性与价值理性的可能性

马克思认为人具有双重特性："从主体上说作为他自身而存在着，从客体上说又存在于自己生存的这些自然无机条件之中。"① 一方面，人作为自然存在，是自然界的一分子具有自然属性，那么为了生存和发展，人必须利用工具理性获得必要的物质生活资料和信息，在此基础上为了获得更优越的生存环境，人要利用科学技术对自然界进行进一步的认识并改造自然；另一方面，人是有思想意识的精神性存在，需要精神的满足和丰富，人有精神家园，这是人区别于其他自然存在物最主要的特征，这就需要价值理性。因为，工具理性只能满足人的生存性需求，而无法提供和明确人类的生存意义和人生价值。工具理性的绝对客观性使得它只能满足人的生命需要，而无法使人生富有诗情画意。只有工具理性和价值理性两种理性标准共同指导人的实践活动，才会使人完整和谐地发展。而正是人的双重性存在才使得工具理性和价值理性的整合成为可能。

① 《马克思恩格斯选集》第 2 卷，人民出版社 2012 年版，第 774 页。

首先，要正视工具理性和价值理性的区别。“第一，科学侧重于量的计算，其成功之处在于物理界，人的意志力强弱、文学创作的思想途径以及个人意志与社会进化的关系，并不能用科学方法来一一测定。第二，科学方法是分析，而人生观不能用严格的科学方法来实验和分析。第三，关于情感的事项是绝对超科学的。‘爱’和‘美’具有神秘性，也绝不可以用科学来分析。宗教、道德和艺术等属于‘文化价值’的范畴，但它们永远只能由心灵去接触，而无法用感知来把握。第四，科学的对象是自然因果律，而忏悔、责任心和牺牲精神等精神现象属于意志自由的范围，科学无法解释。”① 人文文化与科技文化的形成是人类从不同的视角出发去认识世界、把握世界，创造出来的具有不同意蕴的文化形式，他们之间分工不同，功能不同，各自具有相对独立性，但都是人类生活所必须的。人文文化“与真实、与科学有一定的公度性，但是其根本的人文禀性与纯粹理性之真有一定差别，与完全科学之实也有所不同，它的基点在正，核心在中，境界在和，功德在善”②。与科技文化有不同的侧重。

其次，要从文化整体把握科技文化与人文文化的内在联系。文化作为一种精神活动，本身具有向外的显现作用（科技文化）和一种向内的体验作用（人文文化）的双重属性，并始终使文化内部充满了科技文化与人文文化的张力关系，由此形成了两种文化取向，甚至成为两种思维方式。“一种是外向型的，从知出发，以悟为中介最后落脚为知，在这里，悟被知化了；另一种是内向型的，从悟出发，以知为中介最后落脚为悟，在这里，知又被悟化了。这两种思想的取向普遍存在于人的个体意识和群体意识之中，并无优劣之别……无论是以求知为主还是以求悟为主，并不抹杀知悟的张力关系的存在，求知必在与悟的牵连中而获知，只不过悟隐而不显；体悟也必在与知的牵连

① 郝海燕：《科学的精神价值：20 世纪初中国思想家之间的争论》，《哲学研究》2003 年第 3 期。

② 栾栋：《美学的品格》，《文学评论》2003 年第 3 期。

中而得悟，只不过知隐而不显罢了。”[①] 正因为如此，为了人类的可持续发展和真正实现以人为核心的发展，就要努力促进科技文化与人文文化的统一。从深层底蕴理解，人文文化和科技文化是互相补充、互相融合和互相促进的。科学在追求知识和真理的同时，也在追求社会的进步和人类自身的进步和发展，在探索自然界奥妙的过程中，也给人类树立崇高理想的榜样，激励人们超越自我，追求更高的人生境界。科技文化与人文文化共同构成了社会文化的整体。特别需要指出的是，知识的传递与教育对人类社会生活是必不可少的，是人类生活不断提高和改善的必要条件，是人的生活与动物生活区别的根本，但是，仅仅有这些是不够的，人的生活高于动物的生活不仅是手段上的，更是精神品质意义上的价值理性所决定的。

中国古代的思想家就提出过要把德性培养与知识教育相结合的思想。如孔子说，“君子务本，本立而道生”，“行有余力，则以学文。”(《论语 · 学而》)“好仁不好学，其蔽也愚。”(《论语 · 阳货》)“未知，焉得仁？”（《论语 · 公冶长》）董仲舒也说过：“仁而不智，则爱而不别也；智而不仁，则智而不为也。”(《春秋繁露 · 必仁且智》）这些思想都是强调德智统一，二者相互渗透。不能否认，掌握先进科学技术的人，具有高深学问的科学巨人也可能是个道德矮人，而目不识丁的人却有着朴素的道德，这是一个不幸的悖论。但是，这毕竟是特殊现象而不是普遍现象，教育的根本目的是减少这种分裂和悖论，而最终实现二者的统一。人文文化在实现这种统一中有着独特的作用和其他教育形式不可取代的地位。过真失正，过于科学就没有人文。因此，科技文化与人文文化之间应当寻求共生点和谐发展。

列宁也表达了科学文化与人文文化应当结合的观念。列宁曾经指出，在一个文盲充斥的国家是建不成社会主义的。社会的发展需要有先进的道德也需要先进的科学技术。科学技术的进步，人的教育水平的不断提高，为以文化人取得好的效果提供了良好的社会条件。我

① 王天成：《哲学基础理论研究》，中国社会科学出版社 2008 年版，第 149 页。

们也看到，西方社会尽管存在这样那样的社会问题和道德问题，但是，发达的西方社会中普通民众的道德水平也相对较高，这与西方社会高等教育的大众化有直接的关系。

丹尼尔·贝尔认为："传统人文学者对'社会世界'意义领域的描述性认知，与现代科学家对'物质世界'封闭体系的分析解剖，在方法上日趋冲突，均难涵盖一切。若要使社会学摆脱目前弊端，真正成为横跨于鸿沟之上的包容性学说"，必须历史与逻辑相统一。[①] 这种统一的必要性主要包括：

首先，价值理性是工具理性的精神动力。以科学技术作为主要载体的工具理性是人们认识世界、改造世界的主要手段，它帮助人们达到目的实现愿望，然而科学技术本身却没有目标和愿望，它必须依靠某种价值观的指导才能明确方向。马克斯·韦伯用一个比喻形容二者之间的关系，他将工具理性比喻为一幅地图，它可以帮助指出到一个地方的具体路线，但是要去哪个地方还是要靠价值理性来指引，也就是说工具理性要依靠价值理性提供的目标来选择最优路线，价值理性要通过工具理性来实现目标，二者缺一不可，是辩证统一体。

事实上，从理论上说工具理性和价值理性本可以取得一种相安无事的和谐——价值理性确定目的，工具理性达成目的。理性精神作为一种规划的核心态度和方法不可或缺，但若将理性等同于工具理性，期望通过单纯的科学技术达成社会系统中的理性思想，则绝对失之偏颇。工具理性和价值理性同为理性的重要组成部分，二者的相互转化体现在工具理性在发展的过程中是朝着价值理性的方向努力的，价值理性也必然是在工具理性的基础上实现的。实际上，自人类进入文明社会以来，科学技术一直作为人类实现目的的工具，它的这种性质决定了科学可以一直处于客观中立的地位。真正的理性是崇尚科学知识的科学精神与人的自由、平等、博爱等人文精神的统一。

---

① [美] 丹尼尔·贝尔：《资本主义文化矛盾》，赵一凡等译，生活·读书·新知三联书店1989年版，第9页。

随着科学技术的迅猛发展，人们的日常生活已经离不开科技的作用，科学技术在全球范围内的广泛应用，使得人类对科学技术的应用稍有不当都会带来致命性的后果，甚至危及到子孙后代，这也就对价值理性的指导性提出了更高的要求，价值观对科学技术的引导作用主要表现在技术发展的选择上。研究什么，尽管也有技术自身发展的逻辑，但主要来自社会需要；同时，科学技术的使用越来越受到科技伦理的限制和引导，科学只是解决“能不能”的问题，但是，价值理性却要通过评价科学技术使用的后果决定“用不用”的问题。如克隆人的科学技术条件是具备的，但是其后果是违背人类价值理性的，所以，克隆人是被法律禁止的。社会需要就是社会向工具理性提出问题，这种社会需要形成为社会价值观，这种价值观就会给工具理性提供稳定的方向。面对纷繁复杂的现代社会，人们如果没有坚定的意志和信念很容易迷失方向，为了持续提高工具理性的力量，提高人的知识水平和改造世界的能力，就需要价值理性为工具理性构建坚实的精神基础。

其次，工具理性是价值理性的前提和实现基础。价值理性与工具理性是相互支撑、相互融合的，抛弃一方另一方也无法合理实现。在人类社会的发展历程中，要改造世界必须先认识世界，随着人类对于客观世界认识的不断加深，由此产生的科学技术使人类的生活发生了翻天覆地的变化，工具理性在人类实现目的的过程中，将所运用的工具和手段进行整合、计算。在人类实践活动中，价值理性指出方向，工具理性在特定的活动中，既要将人的本质力量转化为实际对象，又要在这个过程中升华自身的能力，为价值理性的进一步发展提供现实支撑，工具理性的这种价值体现了作为主体的人在实践活动中为实现既定目标而自觉创造所需手段的能动性。

当人们通过工具理性的帮助获得更深层次的实践经验，实现更远大的目标之后，便开始对自身的全面发展有了更高的要求和期待，也就是说伴随着工具理性的不断深化，价值理性也随之有了更高层次的发展，并反过来促进工具理性的提高，二者相互影响、互相转化、共同提升。正是由于工具理性的存在发展，才使得价值理性所设立的阶段性目标不断转变为现实，开拓了人的生活环境，为价值理性的进化提供保障。

最后，人类实践活动是价值理性和工具理性的统一过程。马克斯·韦伯通过分析发现，二者实际上存在着一种错综复杂的关系，因而也无法用一种简单的线性因果关系单向度地加以说明和理解。其一是从理性与非理性的角度进行分析，这样我们就可以看到工具理性行动与价值理性行动之间，传统行动与情感行动之间都存在着内在上的关联。其二是从常规性与非常规性的角度进行分析，我们就可以看到，工具理性与传统行动之间，价值理性与情感行动之间存在着密切的关系。这样我们就可以认识到在理性主义的两个组成部分即价值理性与工具理性之间存在着一种既相互对立，又相互联系的复杂关系。因为，人的每次理性认识活动之前，都有一个前评价的情感活动。因为只有注意到关于认识和研究对象的价值，认识对象才表现和成为值得研究和有意义的认识客体。

这种复杂的关系在实践活动中得到进一步的统一，人类的实践活动是目的性活动，为了实现某种目的引发人们对相应工具的探索，通过对相应工具的认识和使用，帮助人们实现既定目标，由此可见工具理性作为手段性的存在是实现目的的基础和前提。价值理性解决“去哪”的问题，而“怎样去”的问题还是要交给工具理性解决。价值理性设定目标之后，工具理性就要通过对具体实践活动的计算分析，使主体在其自身条件的合理安排使用后实现目标，将主体的理性力量物化。工具理性和价值理性在实践活动中相互作用，有机结合，使得人、社会、自然协调发展，促进人类生生不息。

二、整合工具理性和价值理性的途径

罗马俱乐部创始人、意大利学者奥雷里奥·佩西认为，虽然在过去的几十年中，科学技术取得了丰硕的成果，但却使它渐渐脱离了人类的掌握控制，导致人与自然不能和谐相处，人与人之间的关系变得冷漠无感，人类社会正面临着全面失调的危机。如何应对这种危机，我们应为实践重建怎样的观念基础？

首先，要调整人与自然的关系。我们知道近代哲学的端点发生于从本体论向认识论的转向之际，这一转向的直接原因是文艺复兴对古希腊人文精神的复活和对自然知识的迫切需求。在哲学上，培根和笛卡尔是两个划时代的人物，培根为西方科学的发展指明了方向，笛卡尔为其提供了方法，他的身心二元论奠立了近代西方哲学的主客二分基础。从此以后，主体总是面对着客体，受到客体的束缚，处于不自由的状态；因此，主体就要不断地去认识客体，改造客体，挣脱束缚，由近代之前的人围绕物转逆转为让物围绕人转，确立人类中心主义，以争取实现人类的自我解放。

然而，人的世界应该是由自然、人本身和社会三个相互左右的稳定的要素所组成的。“人类中心论”的实现主要是依靠科学技术手段，它在思想上或哲学上表现为无限膨胀的主体性。随着科学技术的急剧扩张，科学已然作为人类体系中的第四个也是潜在难以驾驭的要素强有力地出现了。事实上，人并非地球上从来就有的至尊至善者，在人的漫长进化过程里，劳动、意识和语言逐渐集于人一身，那时，人能够意识到我与自然的不同，我就是我所体验到的那个样子，并且看到别人也与我同样。可是异于人的、外在于我的自然是什么？日月星辰、河海湖泊、山川草木、虫鱼鸟兽，自然界如此浩大、如此丰富多样，而且生生不息、变化无穷，于是，把人的特性投射到自然物体上，自然而然地产生了“万物有灵论”。既然万物有灵，人们又看到山岳高耸、江海奔腾、风雨雷电、沧海桑田，大自然威力无比，而人在自然面前显得渺小、脆弱，由此产生了对自然的恐惧，人们渴望得到自然的神力，于是，由恐惧到崇拜，即所谓“自然崇拜”。人们在劳动和生活中常常与动物打交道，看到许多动物迅捷勇猛都超过了人，人对动物怀着一种既畏惧又崇拜的心理，这种心理逐渐发展为“图腾崇拜”，即某一部落对某一动物顶礼膜拜，认为他们的祖先是由这种动物转化而来的，人们把“图腾”看得比人更尊贵。从“自然崇拜”到“图腾崇拜”都说明人与自然的关系一开始并不是和谐一致的，而是充满了矛盾和冲突。人总是想从自然那里得到更多的力量，想发挥更多的自主性。但是自然总是给人以诸多限制，人总是处在被动的从属地位，处于恐惧之中。而随着自然科学的蓬勃发展，人类对于自然现象的惧怕和敬畏已经不复存在。文艺复兴后，根植于工具理性之上的主体性不断膨胀，“人类中心论”就此形成。费尔巴哈曾经深刻地指出：从笛卡尔开始的近代哲学家多是以抽象理性为出发点，黑格尔的思辩哲学其本质也只不过是理性化实在化的“上帝”，他把人的理性等同于上帝，理性具有了绝对的权利和意义，这种关系其实质就是中世纪时上帝与人的关系，只不过现在已不是由上帝主宰人类，而是由抽象化的工具理性代替上帝的位置而已。人类由被支配、被奴役转变为发号施令的角色，人的地位提高到前所未有的高度，于是人类认为自己是高于自然的存在，对世界具有绝对的支配权利。理性作为人的一种抽象思维能力，在被赋予最高能力后，人类社会的一切事物和现象都要接受理性的审查和判定，而作为主体的人则可以运用这种权利改造和创新客体。这种情况正是在“主客二分”的基础上产生的，所以“人类中心论”究其根源便是形而上学的理性至上思想。

但现在的问题是，人类千余年来顽强奋斗取得的“人类中心论”成果是我们要永远坚持下去的真理吗？人类是否拥有对自然的绝对统治权？现代哲学的发展对此都做出了否定的回答。海德格尔在《存在主义哲学》中论述过，此在的生存必须以存在或自然作为前提和条件，这就要求此在与存在的关系必须和谐一致。唯有如此，此在才可以追问存在的意义，展示世界的风采。如果一味像“人类中心论”那样对自然横征暴敛，人类也无异于自取灭亡。海德格尔把人的本质规定为存在，说明人和世界、自然或与在的关系应该是“天人合一”的和谐统一。在人与自然和睦相处的理想状态中，人的作用是什么呢？实际上，人只需做有限的事情，以“在”为行为准则。“只有当人存在于在的真理中并从属于在的时候，来自在本身的那些指示之分发才会来到。而这些指示必须成为人所需的律令与规则”，“只有这种指示的分发能够把人调配到在中去。只有这样的配置才能够担待与约束。此外一切律令始终不过是人类理性的滥造之品。比一切订定规则的工作都更重要的事情是，人找到居留到在的真理中去的处所。”① 海德格尔在这里强调的是人的作用不是为自然“立法”，不是充当自然的主人，在自然面前指手划脚，而是倾听自然的呼声，顺从自然的规律。因为比一切制订规则的工作都更重要的是找到居主到在的真理中去的住所，即谋求人与自然的和睦相处。

德国哲学家汉斯·萨克塞的思想与海德格尔有异曲同工之处，但他在表述上更是清晰明了。萨克塞认为，自然的概念相对于人类的历史发展，其意义也是变化的。这个发展的历程是：“从敌人到榜样，从榜样到对象，从对象到伙伴，这就是我们的答案。”② 对于狩猎者来说，自然是敌人，他们所关心的是战胜这个敌人。在那个时期，自然不是我们的朋友而是阻碍人类进步和发展，威胁人类生存的最强大的敌人。萨克塞认为，“图腾崇拜”时期开始了自然从敌人到榜样的过渡。岩壁洞画全是作为对立面的大动物。农业文化通过模仿自然同自然一起继续发展，这时，人不是学习如何更好地与自然斗争，而是学习如何模仿它。工业时代，人类开始改造自然，笛卡尔认为，在人类把自然视为对象、材料和物质后，我们能客观清楚的认识自然存在物的存在形式及作用方式，笛卡尔的这一观点为自然科学的产生开辟了道路，并取得了一定的成果。然而今天的情况不同了，“在能源研究方面，在遗传工程学、信息学和医药学中，我们都感觉到了这一点，即不允许把我们能够做到的事情都付诸实施，因为自然不仅仅是人科学研究的对象。同样，自然也不像笛卡尔看到的那样，只是物质，只是研究的对象，它是否也有自己的价值，托人加以保护呢。”③ 萨克塞的意图很清楚：迫于当前生态危机的压力，人类必须对自然要有新的

① 西方哲学史组编：《存在主义哲学》，商务印书馆 1963 年版，第 130—131 页。

② ［德］汉斯·萨克塞：《生态哲学》，文韬、佩云译，东方出版社 1991 年版，第 33 页。

③ ［德］汉斯·萨克塞：《生态哲学》，文韬、佩云译，东方出版社 1991 年版，第 8—9 页。

认识，人类应该将自然由改造支配的对象调整为相互依赖，共同存在和发展的伙伴。

其次，要调整人与人的关系。人作为一个结社动物群集在一起，人的世界在家庭、部落、氏族、村庄等组织形式中发展壮大起来，这些组织又直接间接地影响着做决定的人——如家长、族长、首领、圣哲、先知等，总之是在我们的时代被称作权力机构的东西出现了。然而，要是没有适当的物质设备之助，这个社会组织是不能进步的，人也不能在其环境里安全地做事情。于是，人类调整自己的自然才能，使之专门化来应付这种需要，人类把这些才能训练成为越来越有力的防护和运输的手段，以及一切种类的工具和机械——它们变成了人造世界和人类自身的物质能力的扩展。这样，人的技术几乎像人本身一样古老，而且是一种手段而不是目的。然而，直到最近以前，人类还一直能在技术所提供的物质进步同它支撑和保护的社会——文化生活之间保持合理的平衡。而在现在，新的以科学为基础的技术，却获得一个占统治地位并在实际上独立的要素的位置，而推翻了现存的一切平衡，在为时不长的几年里，它表现和影响极大地增长着，大大超过了其他的文化发展，致使人不仅不能控制而且几乎不能评价所发生的事情。

工具理性是在自然科学的基础上发展起来的，从它诞生的那一刻起就肩负着改善人类物质生活的使命，随着它不断地发展壮大，已经彻底地改变了人类的理想追求，特别是当资本主义生产方式建立之后，工具理性成了它最有力的手段，人类对于金钱和物质的追求几乎成为人生存奋斗的唯一目标。这种把对物质财富的追求和享用作为人生目标的行为，使人沦为了“物”的奴隶，在不断获得和永不满足中无限循环。在这一过程中，人除了物质已经看不到任何其他事物，单从现在许多人的择偶观来说，一些人最先关心的往往是对方所占有物质财富的多少，然后是其所处的社会地位能够带来多少物质财富，这种将人量化为金钱的行为使人与人之间的关系越来越扭曲，由此引起的家庭问题、社会问题和世界关系问题层出不穷。这种对物质财富追求的异化现象从近代开始就引起了许多学者的关注，他们从各个方面入手尝试改善和解决这种不正常的存在关系。

哈贝马斯认为，处于资本主义社会的人际关系扭曲是因为理性分裂所产生的人对自然的征服欲望和不合理利用延伸到社会领域的结果，想要改善人与人之间的关系，首要必须从克服理性分裂入手。科学技术绝对统治性是理性分裂的主要表现形式之一，当科学技术从征服自然的领域中延伸扩展到征服人类的领域中时，人类就不能仅仅以发展生产力作为追求的目标了，而是应该从怎样使人类获得更美好的生活为理想，为实现人类的幸福生活奋斗，物质财富仅仅是我们追求幸福生活的一部分，绝不是全部内容。那么如何建立更好的人与人之间的关系呢？哈贝马斯提出了两点意见：第一，要控制消费。消费是伴随着能源的消耗和资源的利用，合理的消费会刺激经济的发展，相反过度的消费会造成自然能源的枯竭和社会发展的不平衡，资本主义社会的生产方式是以消费来带动经济增长的，因此，资本主义社会鼓励人们多消费，对奢侈品的追捧就是一个最明显的例子。奢侈品所代表的已经不是物品本身，而是一种社会地位，一种生活方式，这种以过量消费获得满足的心理，使人成为“物”的奴隶。由这种消费异化导致了人的异化，这就要求人必须将自身从对物的沉迷中醒悟过来，正确对待物质财富和适度消费；第二，适度生产。1952 年年底，英国首都伦敦因长期的大量工厂生产和居民燃煤取暖排出的废气难以扩散，积聚在城市上空引发了烟雾事件，该事件持续五天，导致 5000 余人丧生，成为 20 世纪“十大环境公害事件”之一。当时的英国正处在工业迅速发展的时期，为了满足生产每天的煤炭消耗量巨大，而生产所得的财富只有少部分到了劳动者的手中，却要劳动者承担所有的劳动以及承受由过度生产所带来的环境危害，这种不平衡的分配加速了人与人之间关系的恶化。按照哈贝马斯的观点，人际关系合理化的本质就是让人与人之间没有任何强制与隔阂，坦诚地相处共存，其实现的途径是社会全体成员对所制定的行为准则和规范的完全认同和遵守。在哈贝马斯看来，能为全体成员普遍遵守的规范原则是“相互性”，即交往行为的主体性意味着相互主体性。交往行为合理化的基础是相互作用和相互承认，其中贯穿着相互性，离此便没有相互承认和相互理解，也谈不上交往关系。

人本身是“知”和“悟”、工具理性与价值理性的统一体。工具理性代表着人类的化物能力，价值理性主要是指意志、情感、灵感、顿悟等感性文化，代表着人性的部分，这也是我们平常说的知、情、意的结合。人的活动总是有意识、有目的的。人要通过理性思维的认识活动，掌握客观规律，改造世界，正如马克思所说的：“吃、喝、生殖等等，固然也是真正的人的机能。但是，如果加以抽象，使这些机能脱离人的其他活动领域并成为最后的和唯一的终极目的，那它们就是动物的机能。”① 现代西方人文主义哲学在反对工具理性至上，知识万能的同时，也走向另一个极端，把人的价值理性一面加以夸大、绝对化，走向反工具理性，这是反科学的。物质条件的改善是人与人之间形成良好社会关系的前提和保证，在市场交换中每个人的生产，依赖于其他一切人的生产；同样，他的产品转化为他本人的生活资料，也要依赖于其他一切人的消费。由此可见，市场经济下人与人的关系是要相互依赖的，正是这种相互依赖的关系促进了生产力的快速发展。

最后，要平衡人类的物质需求与精神需要的关系。工具理性自产生至今就一直用数学的手段和标准，通过量化所观察的事物来寻求事物的本质，在其视野中，所有不能量化的事物都是非科学的存在。作为中立性的科学技术，必须将可能影响到其判断的情感、伦理等因素排除在外。然而人是有思想有感情的存在，人类社会除了需要法律来维持正常秩序外，还需要道德伦理来约束人们的行为。人道主义的信念、宗教的宗旨以及道德观念也会维护已确立的制度，也不能因其与商业社会原则相异便失去合法性。

马尔库塞认为：“贫困、痛苦和匮乏是蒙昧物体的属性，是生命

---

① 《马克思恩格斯选集》第 1 卷，人民出版社 2012 年版，第 54 页。

被动地接受其存在的直接性领域的属性”，“痛苦、暴力和破坏，是自然和人类现实的类型，是孑然无靠和冷酷无情的宇宙的类型。”① 一切安宁、欢乐和幸福都源于超越自然的能力，在于有意识调节的结果，在超越之中对自然的控制本身服从于生存的解放与和平。“凭借理性的认知能力和改造能力，文明创造了种种使自然摆脱它自己的兽性、不足和蒙昧的手段。理性只有具有技术合理性才能实现这一功能，这时，技术本身就是和平的手段和‘生活艺术’的原则。所以，理性的功能与艺术的功能会聚在一起。”② 马尔库塞强调二者之间的相近性，意在说明工具理性和价值理性是两项互补的存在。虽然价值理性创造的思想世界与现实存在、实践是相对立或者是在现有领域之外的虚幻存在，但是不能否定其所蕴含的意义仍然会对现实世界有所映射和影响。

马克思恩格斯也阐释了人的物质需要和精神需要之间的联系，他们认为：“已经得到满足的第一个需要本身、满足需要的活动和已经获得的为满足需要而用的工具又引起新的需要，而这种新的需要的产生是第一个历史活动。”③ 这里“第一个历史活动”是指人类产生新的需求，也就是精神需求为起点的历史活动。《政治经济学批判大纲》中马克思将其命名为“精神需要”。马斯洛说过，当一个人有了充足的面包，而且长期以来都填饱肚子，这时，又会有什么愿望产生呢？这时，立即会出现“更高级的”需要。这种更高级的需要就是人们对于精神生活的追求。

可见，马克思对资本主义金钱拜物教的批判，对资本主义社会资本统治人的“异化”问题的揭示；马克斯·韦伯等人对极端工具理性的批判，海德格尔关于当代人不关心人的本质，不关心存在的根

① ［美］马尔库塞：《单向度的人：发达工业社会意识形态研究》，刘继译，上海译文出版社 1989 年版，第 212 页。

② ［美］马尔库塞：《单向度的人：发达工业社会意识形态研究》，刘继译，上海译文出版社 1989 年版，第 213 页。

③ 《马克思恩格斯选集》第 1 卷，人民出版社 2012 年版，第 159 页。

源和意义的“忘在”状态，导致人的精神“无家可归”结果的忧思，关于在技术化千篇一律的世界文明时代重建存在的家园的呼吁，不仅有助于我们认识现代中国和当代西方社会的弊端，而且有助于我们在提高工具理性水平，实现发展生产力的经济目标的同时，时刻不忘价值理性的要求，即社会、生态和文化的目标。现代化是一个全球化的运动，西方工具理性泛滥导致的问题、价值理性的边缘化问题、物质文明发展与精神文明发展失衡问题一定程度存在。韦伯等人对于工具理性的批判思想确实有助于我们加深对这方面问题的认识。

总之，深刻认识工具理性和价值理性的辩证关系，对于理解和建构我国当代社会文化生活格局是具有启发意义的。哈贝马斯也认为，在目的性行动中，行动者以策略性和工具性作为成功指向的理性手段，假定了功利主义的效益原则。这种理性虽然是必要的，但却是狭隘的，因而还要协调行动者的主观世界、客观世界和社会世界，并使它们实现一致性的整合的交往理性。这也就是说只有在工具理性与价值理性共同和谐发展的前提下，我们的社会才能健康稳步的前进。

党的十九大报告指出：“文化是一个国家、一个民族的灵魂，文化兴国运兴，文化强民族强”，在中华民族伟大复兴的征程中，一方面我们要全力推进科技创新，一方面要大力培育和践行社会主义核心价值观，要以培养担当民族复兴大任的时代新人为着力点。推动文化事业和文化产业的发展，满足人民过上美好生活的新期待，必须提供丰富的精神食粮。这是从文化整体的意义上把科技文化与人文文化统一起来加以强调和重视，为了贯彻这一文化发展原则，防止西方现代化发展中出现的精神危机，我们还是要从问题意识角度，正视文化发展中的矛盾，积极推进矛盾的解决。

我国正处在社会主义现代化的发展进程中，现代化对我们而言还是一项未竟的事业，西方现代化发展中出现的文化问题在我国也是程度不同地存在，如物质文明与精神文明发展不平衡的问题，国民形象素质问题等。西方文化发展的历程说明，文化对人的作用是具有双重性的，文化对人而言，既可能是自我的实现，也可能是“自我的扭曲”。现代社会发展的问题，恰恰是文化对自我的否定作用日益突出的结果。人是文化的主体，“文化是变成现实的精神自我”，我们研究文化的问题实质是透过自身活动的成果反观自身，揭示文化矛盾，就是反思人与文化的矛盾。

这意味着，现代社会的发展不仅需要强大的物质条件的支撑，还需要人的自我意识的现代提升。“自我意识的对象不是自然界，而是人类自身。文化的两重性是自我分裂为主体自我和对象自我的产物，自我意识的矛盾就是由主体自我和对象自我的矛盾引起的。”① 在中国成为世界第二大经济体以后，当代中国社会发展中最大的一个问题是文化与人的矛盾问题，即，富裕之后干什么？人之为人的真正追求是什么？我们是仅仅满足于成为“经济动物”“饮食动物”，还是要有更高的追求？显然，富裕并不是一个价值概念，并不表明人生的意义！“人之所以为人，人之所以高贵于动物，人的生存的价值和意义，就在这一点上：人不但把自身从自然生命的束缚中解放了出来，进一步地，人还要通过自己的创造性活动去‘解放’生命，即赋予人的一切对象以生命意义。”② 超越物质生活进入精神世界，从外在进入内在，把精神生活的建设提到日程，把提升人的素质置于重要位置，实现以人为核心的发展，是中华民族伟大复兴事业中的应有之义。

① 邴正：《当代人与文化》，吉林教育出版社 1998 年版，第 35 页。
② 高清海：《社会发展哲学》，高等教育出版社 1999 年版，第 422 页。

第三章　以文化人：社会文化塑造与自我觉解的统一

文化最终必然表现为相对稳定的人格特征。文化之道理实质是自然之道理和人性之道理。文化研究的重要任务或最终目的是对人的生命质量的直接关切，旨意在于引导人觉解生命意义，自觉提升人的生命追求质量。觉解人的生命意义，以意义的悬设和承诺引导人的自我成长，使人成为更好的人，正是以文化人的题中应有之意。当然，以什么文化，如何化，化人的什么等问题又是一个具体的历史的问题。

以文化人的现实必要性，主要体现在中国特色社会主义新时代对以文化人的迫切需要上。习近平指出："当高楼大厦在我国大地上遍地林立时，中华民族精神的大厦也应该巍然耸立。"① 今天中国人民的物质生活水平得到极大提高，社会主要矛盾已经转变为人民日益增长的美好生活需要和不平衡不充分的发展之间的矛盾，其中必然包括精神文化生活的方面。当人们的物质生活得到很大程度的满足，就要更加关注精神文化生活，促进全民文化素质提升和文化生活发展，业已成为新时期中国特色社会主义发展的本质要求，在一定意义上也是对以文化人的呼唤，以通过更美好的文化实现更美好的自己、更美好的发展。

同时，社会现实文化矛盾的巨大动力驱动表明，以文化人问题

---

① 习近平：《在文艺工作座谈会上的讲话》，《人民日报》2015 年 10 月 15 日。

是当前文化研究和社会发展研究的一个迫切需要关切和实践推进解决的问题。探讨以文化人问题的实质，在于为人获得并完善自身的本质寻求标准和意义，为以文化人提升和完善人性提供方向和支撑，在于“丰富人民精神世界、增强人民精神力量”。以文化人不是一蹴而成的，而是一个获得性的过程，是社会文化塑造与自我意识自觉的统一过程，是祛恶扬善的过程。社会文化塑造为以文化人的实施、促进人的文化修养提供导向和创设必要的社会人文环境，自我意识自觉和选择是对社会文化塑造的内化、自觉与升华。社会文化塑造只有同人的觉悟结合起来才能使以文化人和提升人的素质成为现实。

以文化人问题虽然是中国社会主义现代化发展中凸显出来的现实问题，但它既是文化哲学的基本问题也是哲学人学研究的一个核心问题。从学理层面看，对“人性是什么”“人是什么”这一问题的认识更具有前提性，对这个问题的不同回答，决定着对以文化人其他问题的不同回答，是其他有关以文化人问题的逻辑展开的基础。各种关于人的理论学说无不以一定的人性理论为根据和支撑点。人性问题对以文化人的理论具有理论前提的意义。这也许是古往今来的思想家们孜孜以求追问人性、人的本质问题的深层原因。从实践层面看，人的任何实践活动都是自觉的，具有目的性的行为，那么，人自身从自然生命开始，今后的发展其方向和目的是什么？社会对人的文化塑造与人对自身的塑造其根据和合理性是什么？这些对于人自身来说具有最切近意义、关乎人的生存状态的问题也有赖于对人性问题的求解。对于这一点，张岱年先生在解释自己的人性研究时说：“性者（性指人的本性）并非专为研究性而研究性，而是为讨论修养、教育、政治，不得不讨论性。”① 人性问题对人本身、对人如何认识以文化人、人如何成为有文化修养的人具有理论前提性。

① 张岱年：《中国哲学史大纲》，中国社会科学出版社 1982 年版，第 250—251 页。

第一节　人性及人性的社会本质

人性问题对认识和实践上推进以文化人问题具有前提性，但人性问题的探讨又是异常复杂和艰难的：人本身是一个包含矛盾的丰富的多样性存在，而且，人并不是自然给予的现成存在，也不是一经存在便不再变化，人是在社会历史中生成、在历史中发展的存在。因此，确定人性规定的视角就显得极端重要。人性问题是人及其存在的始源性和本源性的问题，反思和揭示人的本性，既是一个经验描述和事实判断问题，也是一个逻辑设定和规范性问题，本质上是一个文化规范、引导和塑造的问题。因此，它并不仅仅取决于人们的现实选择如何，也不仅仅取决于多数人在事实上的状态如何，而仅仅取决于人之所以为人者所要求于人的究竟是什么。这是一个兼具形而上和形而下两个层面的问题。

一、人性的获得性与以文化人的可能性

古今中外，追问人性，寻找自我，定位自我和人生就是一个文化始终要面对的基本问题，无论从中国古代的人之初，性本善、性本恶及性三品，还是古希腊以来的西方人学发展，弄清楚人的来历和身份都始终是萦绕在历代思想家心头的挥之不去的“永恒”问题和思想动机，人类对自身本质的追问也始终在思想的旅途中。人们从不同的学科角度给出了诸多的关于人的规定，但是，由于人性的复杂性和变化性，至今也没有统一的和公认的关于“人是什么”的规定，诸如哲学人类学思想家甚至认为，“人是一个无法定义的 X”。但现实中，人的生存矛盾的压迫和挑战性决定了人性问题的不可回避性。从哲学思维的特点看，人性问题应该是人的本质问题，而本质是一个事物区别于其他事物的内在规定性，质的内在规定性要通过属性表现出来。按照这样的思维逻辑，我们综合概括现有人学思想发展的历程，可以从三

个层面把握人性：人是具有自然属性、精神属性和社会属性的统一体。

人的自然属性即人的生物性，人的自然生命，即人首先是一种自然性存在。有一类思想家在认识人性问题时，直接把人性等同于自然性。而人的自然性如何理解，不同学科的思想家对其有不同的认识，如有观点认为，人作为生物的一种，具有趋乐避苦的本性，对于个人利益的自觉追求，对于感官享受和现世幸福的渴望是人的本性和欲求，自私自爱具有天然合理性；经验主义思想家基于人的自然本性和利益需要，提出了利己本能和利他情感相统一的问题。甚至还有人提出，“人的存在只归功于感性”，感性才是人的本质规定，把人当作自然物体去认识的观点；非理性主义思想家强调人的感性生命的本能性在人性中的重要性，认为非理性的人不受外界条件限制，随性而为、自由自在等。

人具有精神属性。人性主要表现在人的精神的丰富性，即强调人的思维本性和理性能力。近代西方哲学的一个重要观点是，人性即意识性，人性原理即意识原理。如理性主义者笛卡尔认为，人性最本质的是“人是一个意识的主体”，是一个独立的精神自我。精神性存在造就了人的思想性存在，即人的自我的存在，人的本质在于其精神性规定，在于他生而具有的理性能力，理性的力量能够使人在宇宙中处于中心位置，理性也能够使人成为自然的主人、社会的主人和自我的主人。洛克认为，真正的人是“一种能思维的智能存在，具有理性和反思，能够将其自己看作自我”，即人具有自我意识。自我意识是人区别于其他动物，提升自我的主要规定性。

人具有社会性。人的社会性是指人在实践中从他们所依存的社会关系和社会环境中获得的特性，这包括人的社会角色以及按一定的社会生活和文化背景形成的价值观念、道德规范和人应该如何处理人的生物学本能的一系列规则。“如果人被看做一种社会存在，那么，他也是一种文化存在。”① 因为社会不仅仅是一个文化领域，同时也是

① ［德］M. 兰德曼：《哲学人类学》，阎嘉译，贵州人民出版社1988年版，第219页。

全部文化的保存者和传递者。人作为文化的存在，必须首先就是社会的存在。人都是在文化传统中成长和被塑造的，只有在文化塑造中他才能获得生存经验、获得归属感。社会作为人的存在方式，需要建立社会生活的秩序和规范，因此，从根本上讲，社会性就是人应当具有的属性之一，社会性是指人作为社会关系存在，需要有社会责任感和道德感的文化自觉。

如果从静态的角度，我们还可以把自然性、精神性和社会性单项平铺为人性的平台，而在现实中，这个平台是不存在的。因为人性是丰富的、复杂的、动态的和立体的。在复杂的人性结构中，其中社会性对整个人性起统摄作用。诚然，人有自然属性，且自然属性制约着人的社会活动空间，但人的自然属性之所以还归属于人性而非动物性，就在于它已经是社会化了的或文化改造后的自然属性，人的自然属性只有和社会文化属性结合起来被社会文化性所制约才能称之为人性。人的精神属性也并不是与生俱来的，从精神的内容到精神的形式无不是社会的产物和要经历社会化的过程。一个婴儿初来人世，具有自然生命，可一旦离开人的社会，与动物共生，那么他就不会具有人的特质和人的精神，他永远不会成为真正意义上的人。所以，人的自然属性只是一种潜在的、有待塑造的可能性，它是充分人性形成、完满的基础和加工对象，社会性则是人性完善进步的条件。因此，在人性中，最本质的属性是人的社会性，人在其现实性上是一切社会关系的总和，这是马克思对人性和人的本质的科学概括。

人性的社会性本质表明，人性、人的本质不是既成的，而是后天社会化过程逐步获得的。人一出生，就别无选择地被投入到社会生活中，他就必然要归属于一定社会群体，依存于一定的社会关系，接受社会规范，这个过程实质是人的本质的文化获得过程，是人的生物自发倾向改变的过程。自然生命状态的人正是通过社会文化这个阶梯上升为人的，这是一条不可逾越的成人之路，也是一条以文化人之路。

二、人性的弱点与以文化人的必要性

人性是宽泛的，人是有待完成和有待塑造的，这就为人性的塑成提供了多种可能性：或崇高或卑劣、或善或恶。人一半是天使，一半是魔鬼就是对人性两重性的深刻揭示。帕斯卡尔说得好：“使人过多看到他和禽兽是怎样等同而不向他指出他的伟大，那是危险的。使他过多地看到他的伟大而看不到他的卑鄙，那也是危险的。让他对这两者都加以忽视，则更为危险。然而把这两者都指明给他，那就非常有益了。”① 事实上，人性在生活原生态中很多时候是一片混沌的，如果任其发展，人性会经常表现为恶，这是人性的弱处所在。

人性的弱处是指人性中对人自身来说具有否定性的方面，是人的精神状态中落后消极的东西，是人性的不成熟、不完善，是人性中的丑和恶。人性的弱点源自人自身的内在矛盾。人本身是一个矛盾存在和规定，任何一种肯定性的规定，都有其否定的方面，或说任何人都会既有人的特性，又有人的缺陷。以往人们认识自我所形成的关于人自己的那些美好规定，其实并不那么单一和纯粹。如人是理性动物，它创造繁衍文化，但人往往又作出很不理智的事情，残酷的战争就是佐证。

说到人性的弱处，不能不提到中国文化主将鲁迅先生对中国国民性中落后方面即人性弱处的抨击和揭露。他对国民性中“奴才”与“专制者”的两重人格的揭露；对怯弱、懒惰和贪婪的小农习性的批判；对那种既质朴愚昧又狡黠圆滑，既自尊自大又自轻自贱，既争强好胜又忍辱屈从，既狭隘保守又盲目趋时，既憎恨权势又趋炎附势，……处于没有人的尊严、停滞的、苟安的生活方式中阿Q性格的全方位描绘及对人性弱处的立体透视，无疑具有普遍的人性内涵，已超越了特定时代、地域、民族的界限，而成为人类某种精神状态的表征。

揭示人性的丑恶和病痛，目的在于引起疗治的注意和寻求真正

① ［法］帕斯卡尔：《思想录》，何兆武译，商务印书馆1985年版，第181页。

疗治的良方。人性归根到底是社会的产物，人性弱处的矫治首先是一个社会文化矫治的过程，是一个以文化人、以文育人的过程。社会的缺陷是人性弱处的主要根源。人性是社会的产物，这在历史、现实和逻辑上是高度统一的。从这一前提出发，人性弱处的根源也应在社会，矫治人性的弱处首先应从改造社会入手。“如果我们是由自己的社会所造就，如果我发现自己的生活不那么令人满意，在社会得到改造之前，就不可能有真正的解决办法。”①

纵观历史，我们知道，社会生产力的发展不足以及私有制的产生是人性不完善的主要根源。当社会存在着强制性的分工，存在着私有制和社会分裂为阶级，因而特殊利益和共同利益间也存在着分裂的时候，人本身的活动对人来说就成为一种异己的、同他对立的力量，这必然造成人的片面性和畸形化。尤其是资本主义社会，人的物化倾向达到极端，物质利益成为支撑制度运转的最大原则和最终目的，利己主义的文化纵容人性弱点的膨胀，为己私利人们甚至不惜不择手段地损人利己也在所不辞。

鲁迅对中国国民性弱点的社会揭露剖析是直指中国封建制度的。在鲁迅看来，以封建等级制度和特权思想为基本框架的传统文化，严重压抑人的个性，窒息人的创造力，成为人的发展的桎梏，只有从封建专制束缚中解脱出来，才有国人新生。因此，人的问题从来都不是孤立于社会之外的纯粹人的问题，人的问题本质上是社会问题。先哲柏拉图指出，以人性的缺陷似乎责任在于人，但实质上根本的在社会。有缺陷的社会产生了有缺陷的个人，有缺陷的个人构成了有缺陷的社会。英国 19 世纪道德学家塞缪尔对此有深刻透析：“即使把一个心灵最为高尚的哲学家放在一个日常生活极不方便，道德沦丧的恶劣环境中，他也会变得麻木不仁，凶残无耻。……在一个野蛮、贫困和肮脏的环境中，要想培养一个心地善良、纯洁和品德高尚的人，这是

① ［英］莱斯利·史帝文森：《人性七论》，袁荣生、张蘗生译，商务印书馆 1999 年版，第 5 页。

根本不可能的。”[①] 因此，人性的弱处、缺陷之根源在于社会，克服矫治人性的弱点，归根到底要靠建立合理的社会制度。

合理的社会制度对矫治人性弱处的作用表现在：作为社会思想的社会意识，尤其是社会意识形态对以文化人提供正确的导引和方向。恶实质是善的缺乏。因此，社会文化意识必然以其理论批判来匡正和规范人性的弱处，社会的主导思想必须是扬善祛恶，这包括形成扬善的社会舆论氛围、社会舆论导向及文化价值取向；同时合理的社会制度必然通过一系列的制度体系保证这一社会价值取向的实施，从根本上抑制恶的发生，为以文化人的实施提供良好的环境支撑。

第二节　社会主导文化价值观为以文化人提供方向

一、以主导文化价值观“化人”

社会文化塑造对人性的提升和引导是以文化人的主要渠道。社会文化塑造主要表现为：把人从动物存在提升为人的存在；引导人们自觉占有人的本质，觉解生命意义。在任何时代，人性、人格的内涵都是由社会规定而不是自我定义的，社会对人的塑造主要是由社会的主导文化价值观引导的。

自然生命是人之为人的前提，但决定人之为人的本质规定不是先天给定的自然本质，而是后天的社会生活中接受社会文化塑造形成的。人性是不定型的、未完成的、开放的自然属性、社会属性和精神属性的统一体。在人的多重属性中，人的精神属性是起支配作用的属性，而这种精神属性无论从其内容还是从其形式都是社会文化塑造的产物。“因为有精神，人的活动有了目的性；因为有了精神指点，人不会满足现状，总是要寻求更高更好的生活，从而使人具有了超越性

① ［英］塞缪尔·斯迈尔斯：《品格的力量》，刘曙光等译，北京图书馆出版社 1999 年版，第 35 页。

本质，这种生存论支持，是人超越动物性存在状态达到以文化人存在状态的恒久动力。”①

把人从动物性存在不断提升到人的存在，其实质在于为人类获得并完善自身本质寻求标准和意义，这也是以文化人的基本遵循，目的在于使人真正成为人。人格标准、以文化人的标准和意义只能是社会给予的，是社会主导性文化价值观塑造和衡量的。人性的社会文化塑造还表现在社会思想引导人们自觉占有人的本质。这种引导首先表现在社会基于一定现实基础上对人的生命本质的解读。就现实而言，社会思想和观念从人与社会关系视角来解读生命：人的生命是双重的，自然本质是人之为人的生理基础，只有获得和创造社会本质和精神本质才构成完整人性。“人”不是天然的产物，而是一种自觉追求，要想无愧于人的称号，就要讲“做人之道”。生命需要审视、规划、校正，做人需要自觉和修养。

那么，社会文化是如何塑造人性的，其社会性是如何内化、改造和提升人的自然性至人性高度，它要解决的问题究竟是什么，主要渠道是什么，等等，这是我们要自觉思考的。

从本质层面看，社会文化对人性的塑造主要体现为社会主导文化价值观的教育、引导和熏陶，无论现代还是人类的过往，尤其是中国古代的文化教化传统，对于现代社会，如何实现以文化人都有重要启示。

在文化的意义上，价值观是文化最深层次的和最本质性的存在，价值观层次的认识，相对说已经比较稳定。在日常生活和各种社会生活层面，经过对于各种文化价值观念自觉或不自觉的积淀、筛选、浓缩和经验的反复证明，人们就产生了一种基本的立场和态度，形成了更加稳定的价值评价、价值目标和价值追求的倾向，这就是文化价值观。它存在于文化价值观念之中，通过文化价值观念表现出来，但它

① 胡海波：《正义追求的人性价值》，《东北师大学报（哲学社会科学版）》1997 年第 2 期。

是文化价值观念的内核，是最基本的文化价值观念。文化价值观的主要表现形式是信念、信仰和理想。文化价值观一旦形成，就成为一种“先入为主”的立场和态度，反过来对人的文化价值观念的进一步发展和走向起指导和统摄作用，成为具有支配性的思想基础。在实际生活中，文化价值观表现为人们判断某种事物好坏、善恶、美丑的基本态度和立场，即判断和选择事物对人的作用、意义、价值的根本观点、态度和立场。主导性文化价值观是凝聚社会共识的重要方式和手段。

在当代，文化价值观的重要性集中体现在社会主义核心价值观的地位和作用的发挥上。党的十九大报告指出：“社会主义核心价值观是当代中国精神的集中体现，凝结着全体人民共同的价值追求”，要“把社会主义核心价值观融入社会发展各方面，转化为人们的情感认同和行为习惯”。这既强调了社会主义核心价值观的重要地位，又提出了以社会主义核心价值观来引领与整合多种文化所蕴含的“同一性”和达成价值共识的要求。当今世界，不论是经济、政治还是文化的交往，其深层次都是价值观的交往。对于当代中国来说，丰富人们的精神文化生活、增强人们的精神力量、整合社会意识、汇聚社会共识、维护社会和谐稳定秩序，都需要培育和践行社会主义核心价值观。社会主义核心价值观作为“观念的上层建筑”，涵摄了社会发展与社会结构调整的指导思想与价值取向，实现社会主义核心价值观的主导作用与形成价值共识具有逻辑同构性。显然，社会主义核心价值观不仅是社会的“大德”，也是个人需要具备的“道德”，只有社会成员对社会主义核心价值观达成普遍的价值共识，社会主义核心价值观才能够内化于心、外化于行、固化于制，成为全社会共享的思想基础、理想信念、精神力量和行为规范。价值共识作为一种文化意识，它本质上是一种评价性的存在。价值评价与真理性认识不同：真理性认识解决的“是什么”的问题，是主体向客体的趋近；而价值评价解决的是“为什么”或是“为了谁”的问题。价值共识以真理性认识为前提，但价值共识是主体尺度、效益尺度，遵循目的性原则，而是否接受和践行社会主义核心价值观，价值共识是动力和动机原则。正确的未必选择，只有正确且满足主体利益，主体才更可能选择。正如列宁所述：“必须把人的全部实践——作为真理的标准，也作为事物同人所需要它的那一点的联系的实际确定者——包括到事物的完满的‘定义’中去。”① 文化价值共识的本质是个体意识的社会同一性或社会化，是以文化人中所指“文化”的主要内容，即以文化人在当代主要是要以社会主义核心价值观化人和育人。

强化文化价值观教育在以文化人中的地位和作用，本质上是要引导人们树立正确的文化价值意识，增强把握社会生活中文化价值关系的自觉性，增强生活中的文化自为性意识、建设性意识和创造性意识。文化价值观教育是有明确的思想性的，它不是为人们的思想和行为提供细则，而是在大方向上引导人们在现实的社会关系中正确处理价值观运行中的基本矛盾，自觉辨明什么是美与丑、善与恶、是与非，能够在多种社会关系中做到个人理想与社会理想的基本一致，个人与社会关系的基本协调，个人发展与社会发展的相互促进。

为此，首先要有正确认识，要正确认识和处理价值观形成中的基本矛盾，加强价值观教育的思想性。价值观形成于人类生存的矛盾关系中，又在这些矛盾的展开、冲突和协调中不断发展。其中，价值关系中现实与理想价值目标期待之间的矛盾，社会的价值观念体系与个人的价值观选择之间的矛盾，构成价值观运行发展中的两对基本矛盾。

现实与理想的矛盾是人们价值生活中的基本矛盾。人总是不满足于现实，总是要使现实变成对人来说是更为理想的现实。这就是人类存在的理想与现实的矛盾。理想是处于自觉状态的人基于改变现实的愿望对美好理想生活的设计，是人对现实超越的一种价值努力和追求。人只有作为一种理想性的存在，才能够不被动地安于现状，从而不断超越自我，不断进步，使人的生活高于动物式的自在生存状态。

文化价值观是以现实的文化价值关系为客观内容的，是对现实文化价值关系的反映。而这种反映不仅是一种能动的再创造性反映，

① 《列宁选集》第4卷，人民出版社2012年版，第419页。

而且是“指向未来”的一种反映，是对现实文化价值关系作出“究竟应当怎样”的意向性反映。这就构成了文化价值观形成中的第一对基本矛盾关系，即价值关系现实与理想价值目标期待之间的矛盾。

理想价值目标期待是价值观的基本导向。它表明，价值观既建立在现实的基础之上又超越于现实。正是人们对现实的不满意，才使理想具有重要的价值意义。然而，不管现实多么不如意，现实终究是人们追求理想价值目标的根据和条件。所以，在价值的意义上，理想与现实的矛盾，是推动价值观形成、变化和发展的内在力量；价值关系现实与理想价值目标期待之间的相互作用，是一定历史阶段上某种价值观得以确立的基础。价值观基于现实又超越现实而指向理想价值目标期待，使人类生活在两者的相互作用中实现发展进步。

有人类社会以来，个人与社会的矛盾关系就客观存在，这主要是由社会与个人之间的内在关联性所决定的。个人与社会的关系问题是一个永恒而常新的问题。它之所以是永恒的，是因为人自从有自我意识以来，就意识到他只能生活于社会中，总要不断处理自我和他人、自我和社会的关系；它之所以是常新的，是因为在不同的时代对这个问题有不同的处理方式。一方面，社会离不开人，人是社会的主体和建设者，每一个人都是一个特殊，独一无二，不可复制的人。人不仅个体性地存在着，同时也是有个性地存在着。个人的主体性应是个性的内涵核心和坐标原点。用胡塞尔的话说，主体性是一种关于“更高的人性”。马克思所说的主体性，是主体在对象性活动中表现出来的自主性、能动性、创造性等特征。人是主体的存在，人是对自然界、社会、文化进行探索、改造或创造的动物。人的个性即是作为具有社会性的个人的具体的、独特的主体性。正如马克思指出的：“人是一个特殊的个体，并且正是他的特殊性使他成为一个个体，成为一个现实的、单个的社会存在物。”[①] 马克思主义理论的出发点是从事实践活动的个人，而归宿点则是具有“自由个性”的个人。因此完全可

① 《马克思恩格斯全集》第3卷，人民出版社2002年版，第302页。

以说，马克思所关注的“人”，究其根本而言是“个人”，是彼此发生着社会关系的个人；而真正属于每个人的社会关系，就是个人之间的自由自觉的交往活动。社会发展与人的发展息息相关。另一方面，人更离不开社会，人是一种社会存在物，个体的发展必然依赖社会所提供的条件。古希腊哲学家亚里士多德曾经说：人是社会动物。人之所以为人，不是因为它是生物实体，而在于它是社会实体，是社会存在物。群体生活就是人类生活的本质反映。社会是人的“共同体”。社会由个人构成，但单个人不等于社会。社会是一个集合概念，人是社会的“实在”，而社会是人的集合的“名”。个人与社会的关系既有内在性，也有外在性。个人作为共同体成员既依赖共同体，又与它相对立。社会对于个人来说，首先应该理解为是人的存在形式，进而与人是内在同一的，社会并不是个人存在的容器，社会是个人的存在的相对外在的家园，是与人相对立的外在力量，是人群的共同体。“人”不仅在整体上是“社会的人”，在个体上也是“社会的人”。社会不仅是意识中的“他者”、他物，也是个人的存在方式、生存方式、发展方式，是人的“社会的生命”。一个脱离社会关系的人，其作为“人”的本质是不完整的，实际上是在向生物状态靠拢。人是社会性的，社会是人的存在方式。人类是群居的，所以谁也不能离开社会而单独生活。人类不但不能离开社会，而且在人类的天性上本来就有组织社会的需求，中国的名儒荀子说：“人生而有群。”希腊哲学家亚里士多德说：“人是社会的动物。”这都是说人类的“天性”有组织社会的需求。人类不可能单纯以个体的形式存在。人类个体的有限性决定了社会是人类存在的必然形式。人作为个体在时间和空间上都是非常有限的，这种有限的个体，在某种孤立的状态下，都不足以作为人而存在；他们必须结合成社会以克服个体的有限性，即必须借助于空间上同代人的结合和时间上不同代人的绵延而超越个体的有限性。① 结

① 参见［美］斯皮罗：《文化与人性》，徐俊等译，社会科学文化出版社 1999 年版，第 120 页。

成社会是人类个体能够作为人而存在下去的最基本条件。当然，单凭一般的社会性还不足以使人成为人。许多动物都具有比之人类更为严密的自发组织，人之为人，还在于他的精神性之维，还在于他的智力远远高于其他物种。但人类个体所具有的这种高水准智力，在单一个体中却至多只是一种潜能，一种可能性，而非现实性。我们常常听到的关于“狼孩”“熊孩”之类的报道，便是极好的证明。那些由于种种原因而脱离了人类社会的个体，虽然其生理结构中蕴含着潜在形态的高水准智力，但却没有使其成为现实性的社会条件。人类个体所具有的高水准智力的可能性，只有在社会文化的条件下，才会通过他的活动而成为现实性。作为社会性存在的文化既是智力的现实化，同时也是人类智力的活动方式。人之为人，只能“文化地”存在着，文化是人的宿命。因此，人类社会性的内容便根本不同于其他动物的社会性，人类的社会性是一种有文化内容的社会性。进一步看，文化无论作为一种活动还是作为一种既成的东西，其核心都是一种（广义的）符号的运用，而符号的发明与运用只有在社会的条件下才有可能。人作为社会存在物，只能从社会中获得自身的规定性，这个规定性就是人的社会性。人虽然还有其他特征，但没有社会性的人是不存在或不能存在的。因此，要深刻地理解社会，就不能不把握社会的人性底蕴。要深刻地理解人和真切地为人提供终极关怀，就不能不把人放到社会中来考察其生存和发展。正是在这种辩证关系的结构中，人与社会及其关系才能得到全面而深刻的把握。

人与社会的发展是一种互动的关系。同时，社会与个人是不同的主体形式，社会的要求与个体的选择总是存在差异和矛盾的方面，社会与人的关系相依又相分。但是，从本质上认识，个人的真实性在于他的社会性，人和社会之间是互相依存、双向互塑的共生与互动关系，在中国特色社会主义新时代、在中华民族复兴的伟大征程中，正确理解个人与社会之间的关系，把个人的自我价值和社会价值有机地统一起来，把社会利益和社会需要放在首位，重在创造与贡献，对于个人成人、个人价值的实现具有重要意义。

社会的价值观念体系与个人的价值观选择之间的矛盾，是社会与个体之间的现实矛盾在观念中的反映，即“大我”与“小我”、社会与个体的矛盾关系的反映。社会价值观念体系是指在一定社会及社会发展的一定历史阶段上占支配地位的价值观念体系，通常为社会大多数人所认可，也可称为“社会普遍价值观念体系”。所谓个人价值观选择，实际是人们从其自身的社会地位、利益关系出发，对社会价值观念体系的一种择优化的认同、扬弃或者抛弃的态度和评断。从二者关系看，个人价值观选择一般总要受到社会价值观念体系的影响和制约，反过来说，社会价值观念体系又是众多个人价值观念选择的结果。从日常生活看，二者关系实际是“社会要求人们怎样”和“个体想要怎样”的矛盾。社会的价值观念体系与个人的价值观选择之间的矛盾，本质上是社会占主导地位的一元价值导向与个体的多样化价值取向的矛盾。应当说在现阶段，这一矛盾较之理想与现实的矛盾更为突出。在传统的计划经济时代，由于个体意识较为薄弱，社会的价值观念体系既是社会的又是“个体”的，合二为一，不存在明显的矛盾。社会主义市场经济条件下，个体的相对独立性更为鲜明，人们有了更多的自由选择空间。社会的价值观念体系与个人的价值观念选择之间的矛盾也就变得尖锐起来。我们并不否认人们在价值取向上多样性存在的事实，但这并不意味着“存在的就是合理的”，更不能否认在价值观上仍然存在先进与落后、优和劣、正当与不正当的区别和界限。在这个意义上，确立社会的主导型的价值观念体系依然显得十分重要。

社会价值观内部的两对基本矛盾不是孤立存在的，而是相互联系、相互制约的。价值关系现实与理想价值目标期待之间的矛盾，体现了价值观的客观内容与主观形式之间的矛盾，是理想价值观（包括社会价值观念体系与个人的价值观选择）产生、运行和发展的根据；而社会价值观体系与个人的价值观选择的矛盾，则是价值观存在、运行和发展的方式和形式。前一对矛盾是后一对矛盾的基础。因为，无论社会的价值观念体系，还是个人的价值观选择，都只能在解决价值关系现实与理想价值目标期待之间矛盾的过程中产生。但是，前一对矛盾的不断解决，又要依赖和通过后一对矛盾的运动发展才能实现。因为，价值关系现实本身并不能自发地产生价值观，而理想价值目标期待也并不是价值观本身，因而这一矛盾的辩证运动，实际是通过社会价值观念体系与个人的价值观选择的相互作用实现的。

为了使以文化人成为自觉理念和行为，为了使其富有成效，明确价值观选择中应遵循的原则，则能进一步加强通过价值观教育，以解决以文化人的针对性问题。人们价值观选择本质上是对生活理想的确认和选择，也是人的一生始终不能回避的问题。当代中国人在社会价值观导向下显示了更多的积极、主动的选择意识，但选择应当遵循一定原则。正确认识、处理价值观念形成和运行中的基本矛盾，有助于人们在价值观选择中确立正确的原则。这些原则应当包括：

第一，努力实现理想与现实的统一。理想是人对生活“应该怎样”的构想。人要改变现状，追求更好的生活，就需要理想的牵引。理想使生活充满了挑战性、建设性和创造性。正确认识现实与理想的关系，努力实现理想与现实的统一，对于确立正确的人生方向、实现美好人生，意义重大。“有志者立志长”“有志者事竟成”就是对生活理想意义的通俗表达。

第二，追求“小我”与“大我”的和谐统一、个人主体与社会主体相统一。价值观教育的根本就在于引导人们不断超越“小我”的狭隘视界，从社会关系，从人与自然、人与社会、人与人、人与自我的多重关系中把握、协调和定位人生的境界。每个人都有追求个人幸福的权利，都有对自我形象的选择权利，都有对自我将成为一个什么样的人的规划。但人是一种社会关系存在，人的现实关系存在决定了人必须在个体与“类”之间找到契合点。超越“小我”，恰恰是为了保证和实现每个“小我”，因为，没有抽象的“大我”，也不存在孤立的“小我”。这就是人类生存的法则。

第三，科学精神与人文精神兼备。科学精神就是自由探索、勇于批判、大胆创新的精神，是对科学的一种热爱、执着的价值理解和价值追求，即对科学的一种态度。人文精神就是人对自身的一种最深切的精神关怀，就是对民族、对人的生存意义、价值、精神的追求和确认。当代人更应当把科学精神与人文精神有机地结合起来，形成符合时代要求的综合素质。没有科学精神的人文精神是贫瘠的、虚幻缥缈的，没有人文精神的科学精神是无头之箭，纵然有再大的力量，也不能保证是发挥在为人类造福的方向上，甚至可能成为人类的异己力量。历史上，伟大的科学家，如爱因斯坦，不仅是科学精神的杰出代表，更是社会正义、人类良知的化身。他们对人类怀有深厚的感情，为人类的幸福而不知疲倦地工作，他们代表着人类正直的、进步的价值观，是科学精神和人文精神相统一的典范。在现实社会中，一种倾向性的问题是，人们过分重视自然科学知识，轻视人文社会科学知识。这种情况持续下去只能导致科学精神与人文精神的断裂，导致人类远离自己的发展目标。这是我们当代社会主义核心价值观教育中应当努力避免的。

二、中国传统文化中的文化教化资源

中华传统文化的一个突出特点和优点，就是十分注重人格完善和道德修养、学以成人，并形成了一系列自我修养的方法。提升国民修养，与文化教化紧密相关。文化教化是文化作用发挥的重要渠道，在中国社会的历史发展中，文化教化成为一种优秀的文化传统，发挥文化的教化作用即“化人”功能，是历史上提升国民修养的根本途径。文化教化既有上行下效之理，又有环境影响之意，文化教化的目标之一是一个变自然人为道德人，使人更有道德、更文明的修炼过程。文化本身具有教化功能，同时文化也是教化的内容，优秀的文化能够促进人的文明素质的全面发展和提升。

文化是人的自我完善的重要手段。文化为人的社会生活提供了基本价值取向和系统行为规范，对社会成员的价值观念和行为举止起着规范、引领和鼓舞的作用。文化所提供的基本价值观念会作用于人的主观世界，影响人的价值判断，并通过习俗、道德等规范体系对人的行为举止进行具体约束与指导，从而使人在观念、行为等不同方面满足文化对人的要求。由此，社会成员通过接受文化的教化，逐渐实现自身与文化的契合，并实现自我本质规定性的完善与丰富。现代汉语词典对“修养”的解释是：培养自己高尚的品质和正确的处世态度或完善的行为规范，或指逐渐养成的待人处世的正确态度。从中不难看出，修养无论作为动词还是名词，都指向于高尚品质和正确处世态度的养成，即求取学识品德的充实与完美，追求人格的崇高。在中国古代儒学思想家的观念中，修养多指培养完善的人格，使言行举止合乎礼仪，即“中道”。由此，概括地说，国民修养的含义，就是指在特定国家、社会文化环境与道德规范体系的作用下，一定时期的社会成员养成道德认知与自觉的过程及其作为结果的行为表现。

修养是人的文化、思想、道德和知识所表现出来的一种美德，同时也指这种美德形成的过程。个人修养指的是一个人理论、知识、艺术、思想、品德等方面所达到的水平，是其综合素质的表现。良好的修养能体现人的品位与价值，具有很高个人修养的人，才会拥有良好的个性和人格魅力。修养并不是特定人群才具备的，而是全人类都应具备的。从这一角度说，所谓的国民修养，本质上就是对人的文明程度的度量，也是人的文明程度的外化，是指特定文化传统和文化模式下的社会成员，接受并内化规范体系所体现出来的道德行为习惯。国民修养主要强调人的良善行为和习惯养成，是个体对道德伦理的认知、认同、内化并自觉的外在体现。文化“化人”即“教化”，是指用作为文化成果的社会规范、礼仪道德、思想价值观等影响、感召、作用于人的活动和思维并以此引导和塑造人。“教化”一词源于“人文化成”，即用人文的道理化育人本身，以去除人身上从自然遗传具有的原始自然性，使文化遗传成为人的代际传承特征，这一过程也即文化修养过程。文化教化即文化“化人”，文化被广泛传播后得到一定人群的认同，生活于该特定文化环境中的人会受到同化并完成其社会化的过程，文化的教化作用得以实现。可见，文化教化即社会的文化成就向人自身属性的转化，是人的社会化过程和结果。

文化能够塑造人，教化是指通过文化对人进行塑造，以使人提升气质，陶冶情操，培养品德、完善自我的行为。文化教化在中西方均有深厚的传统。西方的教化思想意在对人进行精神的塑造，德国哲学家伽达默尔在分析前人理论的基础上指出："人类教化的一般本质就是使自身成为一个普遍的精神存在。"① 这是一种主体通过实践逐渐从特殊性向普遍性提升并重新回到特殊性的精神塑造过程，体现了西方教化思想重视人的精神塑造的特点。中国传统的教化则具有强烈的政治色彩，一般指政教措施的推行，出于政治需要使个体的思维方式受到一定的道德规范和价值观念的浸染，形成习与性以实现国家的长治久安。中国传统教化方式是以"文化"和"武化"相融合的，这里的"文化"指以文教化，注重的是以潜移默化的方法去影响人们的行为，而"武化"则指以武教化，是通过习武来引领修习者进入认识人与自然、社会客观规律的教化方式。不管是哪一种教化方式，都力图在一定程度上影响人的思想意识和行为方式。

"人文化成"是中国文化的优秀传统，意指国民文明素养是受文化环境和道德规范影响而形成的，其过程是非强迫性的，这种影响是一种强大并且充满了文化关切的软性力量。文化教化引导国民文明素养的形成和提升，国民文明素养的提升能够反映并且加强文化教化的效果。

一方面，文化教化影响国民文明素养的观念水平。国民文明素养是一国的国民在文明认识和道德行为方面的能力体现，文明认识侧重于是非、善恶和美丑的分辨和评判，文明行为是一个人自身的文明认识水平在行为上的外现。而对是非、善恶和美丑的理解与人的精神层面的价值观念息息相关，人的文明价值观念反应的是生活中最普遍的价值选择，这决定了文明行为的实践形式，实践活动同时也在构建价值选择。文化的核心是价值观念，文化教化的实现能够促成人们对某一价值观念的认同，使人在认定事物、辨别是非时持有同一种思维

① ［德］伽达默尔：《真理与方法》上卷，洪汉鼎译，上海译文出版社 2004 年版，第 14 页。

或取向，并最终通过实践活动贯彻这种思维或取向。文化教化中秉承的核心价值观念能够主导人的道德心态并外显于人的行为，文化教化主要是以国家主流文化的核心价值观指导、影响国民文明素养水平的提升。

文化环境同样对国民文明素养产生重要影响。在中国传统文化中，孝顺父母是道德规范之一，而孝顺父母强调的是长幼有序和顺从父母的意愿，在这种文化环境下，违背父母意愿行事即违反了道德规范。但在西方文化中，父母要求子女有独立精神，要有自己判断事情和做出选择的能力，有个人主见并且不依赖父母的子女被认为是优秀的子女。可见，人的道德行为是在一定的文化氛围下做出的，受到该文化氛围的影响。行为人的主观能动性即来源于外在文化环境的内化，为了与文化环境相适应人必然要调整自身的行为，形成在特定文化环境下的道德素养。国民文明素养也体现出一个国家的国民遵守道德规范的基本条件和能力。文明规范由一定的社会经济关系决定，依靠人的内心信念、外部舆论和传统习惯维持。文明规范属于文化范畴，不同的文化模式造就不同的精神气质，导致人遵守道德规范的方式有所不同。美国人类学家鲁思·本尼迪克特将日本文化概括为耻感文化，与西方的罪感文化模式相对应。耻感文化指如果个体违背了道德准则那么他会因其自身的不良行为而遭到社会谴责，他会因其失德行为而产生强烈的羞耻感。在耻感文化模式下，人会因其自身对羞耻的敏感度而约束自己的行为。罪感文化的重点则在于发展人的良心，使人感到如果自身违反道德准则就是一种罪过，依靠失德行为后的罪恶感来使人们向善。鲁思·本尼迪克特认为："真正的耻感文化依靠外部的强制力来做善行。真正的罪感文化则依靠罪恶感在内心的反映来做善行。"[①] 耻感文化和罪感文化的不同充分说明了不同的文化模式产生不同的道德心态，文化模式是文化教化的重要因素。

---

① ［美］鲁思·本尼迪克特：《菊与刀》，吕万和等译，商务印书馆 1990 年版，第 154—155 页。

另一方面，国民文明素养反映文化教化效果。国民文明素养受多种文化教化因素的影响，同时国民文明素养也是文化教化成果的重要体现。文化通过其教化功能的发挥实现对人的塑造，受文化教化的人不但能够展现其所在文化环境的特点，还会推动文化的进一步发展。在漫长的历史长河中，中国文化经历了复杂的发展变化和不断传承的过程，而我国的国民道德状况始终展现着我国的文化风貌。中华民族经过五千年的历史沧桑，积淀形成了悠久而灿烂的传统文化，其中饱含丰富的修养身心的人生经验和哲理。以人道、人生、人性、人格为目标指向，充分挖掘传统文化的意义和价值，通过继承和弘扬传统修身文化精神，培养拥有独立、健全、成熟的民族人格的现代中国人，是提升国民文化修养的一个重要途径。

首先，仁礼道义是中国传统修身文化的基本精神。在中国传统文化中，具有完整而独立的世界观、社会观和人生观，它们共同构筑了中国人的基本精神世界。

中和中庸的和谐理论是儒家的经典。所谓和谐，是指天地之间，万物化生，各得其所，各安其位；人并无外在于天地万物，而是与天地万物一样共同参与和维系着这个系统。人在“中和”的和谐中，应德行有常、举止有方，否则就是对这种和谐的破坏。换言之，人在自己的生命体验中，应通过调适内在生命与外在世界的关系，使内在的心灵复归于天地自然的和谐。也就是说，通过对本性的觉知与复归，来实现人与人、人与物乃至天地万物在内心世界秩序的了然，“致中和”，从而达到心灵的和谐。

儒家认为，“中庸”是达到“中和”的有效手段。何为“中庸”？“中庸者，不偏不倚，无过不及，而平常之理，乃天命所当然，精微之极致也。”① 据此分析朱熹所理解的“中庸”，是指人处理问题恰如其分，恰到好处，无过与不及，把握住了准确的度即“中道”，选择了与事物必然之理相一致的方式方法。所谓“中”，并非无原则的

① 《四书章句集注》。

"折衷"，而是强调不愠不火，分寸得当。"得当"的标准不是主观臆断的，而是以体现天地万物和谐法则的"道"作为准则。因此，中庸思想一方面体现了中国人从容、大气、理性的胸襟，另一方面也强调了对"道"这一最高原则的执着与坚守。中庸思想是儒家文化的重要内容之一，既是儒者对天理人伦的探查，也是人生智慧和道德境界的升华。它已深深植根于传统文化的人文底蕴之中，并成为中国社会文化心理的核心要素。

其次，仁礼道义是文化修身的主要内容。礼仪道德是儒家道德修养的基本标准。儒家所提倡的基本道德伦理规范即为五德：仁、义、礼、智、信。在五德中，"仁"是核心，居于首位。"仁者，人也。"[①]"仁"被视为人之为人的依据，只有具备仁德，才被看作是真正的人。在儒学中，"仁"源于血亲伦理，推己及人、能近取譬，以"爱人"为基础构建起道德伦理规范，努力营造人与人以礼相待、和谐共处的社会秩序。在"仁"的情感认同基础上，"义"则知"羞恶"，"礼"则明"辞让"，"智"则辨"是非"，"信"则"人任焉"。五德之间，相互关联、相互依存、相互支撑，共同构成了中国传统文化中以儒学为核心的基本伦常和道德观，并逐渐成为中国人内心的文化皈依。千百年来，中国人正是以五德来规范行为、修养身心，使中国成为礼仪之邦，使中华民族成为具有强烈道德意识的民族。

最后，提出修身养性的途径是内外兼修。中国传统修身文化对人的修养要求内外兼修，即约束外在行为的同时，强调修养自心，以实现"内圣外王"的最高人格理想。《大学》开宗明义："大学之道，在明明德，在亲民，在止于至善。"为实现这一理想人格，人的修为应遵循"格物、致知、诚意、正心、修身、齐家、治国、平天下"的八条目循序渐进。其中，"格物、致知、诚意、正心"是修身的具体方法，而"齐家、治国、平天下"则是修身的最终目的。修身是人之为人的依据，也是成为人的条件和手段，更是人的现实责任和使命。

① 《礼记 · 中庸》。

孟子提出“善养吾浩然之气”①，并主张士人要“穷则独善其身，达则兼济天下”②，就是在强调修养身心对人的重要性和无条件性。

不仅如此，天人合一也是修身养性的重要法则。“天人合一”的思想并非单纯的自然观，而是中国传统文化中超越物我的宇宙观、世界观和人生观。人是“天道”中最生动活泼、生生不息的存在，因为人不仅要体悟“天道”、遵循“天道”，还要参赞天地之化育，为天地立心。由此不难看出，人性与“天道”是相通的，人在遵循“天道”秩序的同时，也以自身人性的完善和发展不断丰富着“天道”。“天人合一”所蕴含的辩证关系，不是人对天被动服从“合一”，也不是天对人的刻板规定，而是人与天在相辅相成中所实现的有机统一，是天与人相“和合”。“天人合一”的思想，使人性在“天道”面前，具有了一体并立的价值和意义。

孔子曰：“文质彬彬，然后君子。”对于当代中国人而言，传统修身文化能为其修养身心、塑造人格提供开阔的视野、博大的胸襟和丰富的智慧。因此，积极引导国民了解、认知、汲取传统修身文化的内涵、价值和精髓，对于涵养良善之德、提升国民修养具有极其重要的意义和启示。

首先，重视人文修养，追求理想境界。文化即“人文化成”，是指人作为人而成为人的动态过程，也就是根据“人”的价值和内涵去塑造人，向“人”的理想状态不断趋近和完善的过程。人在不断适应和改造自然的同时，也在不断丰富、完善和发展人性的规定。所以，文化是塑造人性的力量。文化不仅能满足人的需要，而且还创造、规范人的某些需要，使人更好地修正自身以达到理想状态。正因为文化有如此强大的改造人、塑造人的力量，才应当要重视人文修养。

中国传统文化中人文修养的最核心价值，就在于其启迪世人，在功利化的世俗生活之外，还有“作为人”的别样的存在选择和更

---

① 《孟子·公孙丑》。

② 《孟子·尽心》。

为高远的人生境界，即对“达道”的追寻。“为学”与“为道”都是“达道”的途径，只是方式不同，每天学习，知识会不断增多，而个人的私欲、武断、偏执会逐渐减少，最后达到“损之又损，以至于无为”。所以，“为学”与“为道”并进，就会不断提升个人修养和人生境界。儒学同样把追求人生理想境界作为生命的重大价值。孔子一生恪守“一以贯之”的“忠恕”之道，从“己所不欲，勿施于人”到“己欲立而立人，己欲达而达人”，躬行不辍。这种“发愤忘食，乐以忘忧”的人生追求，可以给后人带来智慧的启迪和精神的滋养。

其次，培养审美情趣，乐享诗意人生。德国著名哲人海德格尔曾提出，人类应该“诗意的栖居于这片大地”。所谓“诗意的栖居”，即指“精神的生活”“审美的生活”。如何在竞争激烈、节奏加快、充满物质诱惑的当今社会中“诗意的生活”，中国古代先贤为人们提供了足堪典范的人生态度。

“智者乐水，仁者乐山”，既是智者、仁者在山水间获得的怡然自得，同时也是一种洒脱的心态。孔子云：“一张一弛，文武之道也”①，意味着“忙里”可以“偷闲”。所谓“闲”，未必真的是闲暇时光，而是指“闲情”。这种“闲情”是一种心境的选择，是把自己从功利性活动中暂时解脱出来，让本性回归精神家园，体验非功利性的恬淡与平和，以缓解现实生活中的压力，并满足生命中不可或缺的审美情趣需要。“闲来无事不从容，睡觉东窗日已红。万物静观皆自得，四时佳兴与人同。道通天地有形外，思入风云变态中。富贵不淫贫贱乐，男儿到此是豪雄。”程颢在《秋日偶成》一诗中所表达的，就是“忙里偷闲”的从容随性。有了这种“闲情”，人才能在喧嚣繁杂的社会生活中超脱现实的得与失、幸与不幸，做到宠辱不惊、心胸豁达。

乐享“诗意的生活”，需要拥有审美的能力。要想在平凡普通的日常生活中感受到美的情趣与意境，最重要的是热爱自然、热爱生

① 《礼记·杂记》。

命、热爱生活，以充满好奇和热情的眼光去发现美、欣赏美、体会美，始终保持健康愉悦的人生态度和充实丰盈的精神世界。

最后，加强修身，提升人格。修身是人的立身之本，是遵守道德规范，约束自身行为以融入社会的必经之途。在儒家文化中，修身的目的是为了“齐家、治国、平天下”。也就是说，修身不仅要使自身的道德修养得到提高，更重要的是要和亲睦族、安邦治国、教化天下，即孔子所说的“修己以敬”“修己以安人”“修己以安百姓”①，也如孟子所言的“修其身而天下平”②。由此可以看出，儒学修身的关键在于“立志”，即强调人的社会责任。按照这样的要求，作为当代国民，同样要具有家国天下的意识和担当，将个人行为与国家民族发展结合起来，将个人诉求与社会发展结合起来，从而形成强烈而明确的责任感和使命感。

修身的最高境界是“慎独”。“君子戒慎乎其所不睹，恐惧乎其所不闻。莫见乎隐，莫显乎微，故君子慎其独也。”③ 作为一个具有较高道德追求的人，无论处于何种环境中，都要始终保持严格的自律与自省，增强自我监督意识，自觉摒弃与自身内化的道德标准相抵触的不良行为，防微杜渐，逐步养成良好的道德行为习惯。鲁迅先生曾在《写在〈坟〉后面·坟》一文中说：“我的确时时解剖别人，然而更多的和更无情的是解剖我自己”，可见其深谙“慎独”的重要性。值得一提的是，在当前纷繁复杂、多元多变的现实环境中，古人的这种修身境界对于国民修养提升，更加具有特殊的意义和启示。

改革开放以来，随着社会转型的加剧和思想观念的变化，一些人出现了在社会生活中行为底线缺失、羞耻感淡化、道德滑坡的现象，在一定范围内存在而且较为突出。在分析如何解决这一问题时，需要思考一个很重要的维度，那就是充分挖掘中国传统耻感文化中的积极因素，在文化教化中植入耻感文化教育，以此来恢复和培养国民

① 《论语·宪问》。

② 《孟子·尽心》。

③ 《礼记·中庸》。

提升修养的自律意识和内省精神。

耻感是人在外界事物刺激下内心所产生的羞耻感受，具有普遍性、基本性和最低限度性，是人的伦理底线，对人的行为具有心理和情感的约束自律作用。耻感文化的心理基础在于人们对自己行为的觉知与自我评价，社会基础在于人们对社会规范和价值标准所达成的共识。所以，耻感文化是对于人生责任的一种道德抽象，认为羞耻心具有与生俱来的先验性，植根于人的本性之中，并伴随人性的成长而不断拓展，成为人修养本心、提升人格的深刻自因。耻感文化内化于心、外化于行，对人的修养提升具有重要影响。

耻感文化源自于个人内心强烈的道德意识和价值追求，是自我理想人格反观自省的结果。从人的精神世界来考察耻感文化，可以归纳出三个方面的内涵。

首先，倡导“慎独”，内省正己。“羞恶之心，人皆有之。”① 耻感是人的一种内心体验，是人用主观世界所期望自身达到的理想状况比对实然状况所形成的心理落差和道德自责，是一种内在的自我审视与批判并反求诸己的思维模式，是人与生俱来的道德情感，以此来内省正己。内省正己的标准，就是国之四维，即礼、义、廉、耻等道德规范。内省，是指自我审判式的追问与反思。孔子曰：“德之不修，学之不讲，闻义不能徙，不善不能改，是吾忧也”②，“内省不疚，夫何忧何惧。”③ 意思是说，人应该形成反省与批判自己行为的自觉意识，及时检讨自己的不当行为，并为此感到不安和羞愧。如果在内省自身时能真地做到问心无愧，才是真的坦然从容。关于正己，孔子曰：“其身正，不令而行；其身不正，虽令不从。”④

“古之欲明明德于天下者，先治其国。欲治其国者，先齐其家。欲齐其家者，先修其身。欲修其身者，先正其心。欲正其心者，先诚

① 《孟子 · 告子》。

② 《论语 · 述而》。

③ 《论语 · 颜渊》。

④ 《论语 · 子路》。

其意。欲诚其意者，先致其知。致知在格物。”① 由此可以看出，儒家开创了以修身为本的“内圣外王”之路。它通过儒学的“八条目”，实现了从物到人、从心到身、从己身到家国天下的修养环节的贯通，从而规划出了一条理想的人生修养之路。而要求“诚意”“正心”的耻感文化，在这条修养之路上是具有基础性作用的。

其次，倡导“知耻”，激人奋进。“无羞恶之心，非人也。”② 羞耻心是人与生俱来的良知良能，要求人必须时刻反思和警觉自己的行为，并以此作为行为选择的标准，凡认为耻，皆不可为之。“好学近乎知，力行近乎仁，知耻近乎勇。”③ 知耻是深层次的自我人格完善的需要。好学以知耻，而力行近仁则需要勇气，要勇于自我反思、自我批判、自我否定。知耻是明确自己的道德底线，勇气则是坚守底线力行不辍的保障。孔子曰：“富与贵，是人之所欲也；不以其道得之，不处也。贫与贱，是人之所恶也；不以其道得之，不去也。”④ 孔子以“富贵”“贫贱”为例，以“道”作为道德底线，表明了“知耻”而“力行”的选择。这也正是孔子周游列国，虽颠沛流离却矢志不移，“临大节而不可夺”的精神写照。孟子则将耻感文化与义利观相结合，进一步阐扬了孔子的思想：“富贵不能淫，贫贱不能移，威武不能屈，此之谓大丈夫。”⑤ 所以说，对于有修为的中国人而言，义与利并不是一个两难的选择。千百年来，无数志士仁人用自己的行动践行着孔孟所倡导的人生理想，知耻而后勇，砥砺笃行，并由此造就了中国文化中正气凛然、奋发有为的民族精神。

最后，倡导崇尚操守，褒扬气节也是耻感文化的应有之义。耻感文化发端于内心道德情感，外化为自觉的行为取舍。所谓操守，是人的道德底线和行为准则，即“不可为”的界限，是人的自我认知、

① 《礼记 · 大学》。

② 《孟子 · 公孙丑》。

③ 《礼记 · 中庸》。

④ 《论语 · 里仁》。

⑤ 《孟子 · 滕文公》。

自我评价、自我控制的重要依据。国民的基本操守，反映社会道德的一般水平。从中国历史发展的过程来看，那些坚守气节、崇尚操守、不媚时俗、有所为有所不为的志士仁人，通常会成为受人敬仰的道德楷模，得到褒扬和传颂。道德楷模的作用，在于树立榜样、行为示范，并被抽象为理想人格的标准，为后世道德自律者学习和效仿。因此，被社会树立为榜样楷模的操守及其被褒扬的精神气节，作为一定历史时期社会道德发展的方向和风尚，会形成强有力的道德感召，唤醒民众普遍的道德意识，为国民的自我修养提供明确的导引和激励，形成积极向上的社会道德文化追求，进而促进社会整体道德水平的提升。而国民道德底线的整体提升，对于国民修养的提升具有重要的标志性意义。耻感文化在人的内在情感方面，表现为对道德良知的认同与遵守；在外在行为方面，则设定了改过迁善、见贤思齐的道德行为修养模式。首先，在自律的前提下，明确自身行为的准则与底线，并以此来修正现实行为，即改过迁善。这是在自觉意识的引领下对负面行为的主动调适，以消除负面行为在主观上造成的愧疚感和负罪感。换言之，就是“过则勿惮改”“知错能改，善莫大焉”。其次，倡导见贤思齐，不断追求“至善”的理想道德境界。在能够明辨是非善恶并坚守社会一般道德标准的前提下，强调人的道德感和使命感还会使人不断树立更高的道德目标，以求人格的不断完善。孔子曰：“见善如不及，见不善如探汤。”“见贤思齐焉，见不贤而内自省也。”“三人行，必有我师焉。择其善者而从之，其不善者而改之。”孔子所倡导的见贤思齐，不仅要求人追慕贤者、向楷模学习，而且对于“不贤者”“不善者”也要积极进行自我反省，避免自己出现“不贤”“不善”的行为。由此可见，见贤思齐是人提高道德境界的主动追求，是耻感文化对修养高层次的升华。

那么，耻感文化基础上的评价标准是什么呢？以耻感文化的基本内涵和指向为标准，中国传统文化中包含着特有的道德评价。礼、义、廉、耻是中国人的基本道德属性，人生最大的悲哀莫过于被指斥为“无耻”。因为没有羞耻心，就意味着没有道德底线，没有善恶标准，不知道德为何物，也就失去了改过自新、弃恶从善的可能。朱熹对此阐释道："知耻是由内心以生，闻过是得之于外。"

"人须知耻，方能过而改，故耻为重。"纵观中国传统社会，凡是丧失廉耻之人都会遭到全社会的谴责，无德、无耻之徒都会被钉在历史的耻辱柱上，遭到唾弃。同时，依据这种评价标准所作出的道德评价，也能够警示后人、以儆效尤，从社会舆论的角度发挥耻感文化的特殊作用，如"孔子成《春秋》而乱臣贼子惧"。所以，建立在耻感文化基础上的社会评价标准和体系，能够有效地实现对国民的行为规范，并将这种规范深植于每个国民的内心深处。"道之以德，齐之以礼，有耻且格。"[①] 于内"有耻"、于外"且格"，耻感文化正是通过国民对道德评价的内化和自觉，来实现社会整体的更深层次的有序性。

以唐朝为例，唐朝时期中国社会各方面均处于繁荣发展的阶段，被世人所瞩目，唐朝人的精神气质同样具有独特的魅力。唐朝人的道德观念较中国古代以往的朝代有所不同，更加的自由、包容和开放，但并不缺乏规范与秩序。这是因为唐朝是中国在经历了长期的分裂与动荡后建立起来的王朝，"唐代的种种与众不同，都源于这个朝代的宽松、自由。而这种宽松自由，又是因为数千年汉族文化中那优质、健康、成熟的部分，和北方少数民族天真、刚劲、开阔的气质的偶然结合，催生了独一无二的自然、丰盛、灿烂"[②]。唐朝人所展现出来的诚实自信、胸襟宽广恰好反映了当时宽松且融合的文化氛围。也正是因为唐朝人的宽阔视野与自由个性促成了唐朝文学与艺术的空前繁荣，唐朝的文人学士不但品德高尚而且敢于率性直言，创造出了很多气魄非凡的文化成果。

可见，国民文明素养与文化教化是相辅相成的，国民文明素养的提升同样可以促进一国的文化繁荣发展并更好地发挥其教化作用。

① 《论语·为政》。

② 张宏杰：《中国国民性演变历程》，湖南人民出版社 2013 年版，第 72 页。

文化教化能够规范人的行为。任何文化都包含具有约束作用的规范体系，时代不同，文化中的规范体系也不相同，但每一时代文化规范体系都期待文化会对国民起到普遍的制约作用。一个国家特定时代的文化若要被国民所认同，必经文化教化，文化中所包含的规范体系只有通过文化教化才能发挥其作用。文化教化以家庭影响、学校教育、社会宣传、榜样示范等方式进行，从而使规范的外在约束转变为个体自身的内在认同。文化对人的规范虽然不是强制性的，但通过文化教化使人自觉地规范其行为具有更加稳定的效果，只有人们遵守普遍的规范，才能在特定文化环境中生活并且得到发展。道德规范就是文化规范体系中非常重要的一部分，文化教化能够使文化中的道德规范被广大国民所认知，通过文化教化的浸染，认知逐渐深化为认同，这样道德规范才会得到践履。文化教化实现对人的行为进行规范是一个复杂的过程，任何文化中的道德规范能够被人们自觉地实践都是通过文化教化将文化中的特定因素内化于人的结果。文化教化不但能够使人们理解特定文化中的道德规范，更能够实现人们对特定文化中道德规范的自觉遵守，这种从知到行、知行合一的过程，是文化教化发挥作用的过程，也是一个潜移默化的过程。

在提升国民文明素养的过程中，要求国民能够更加自觉地去遵守道德规范，具有约束自身行为的认识和能力，那么文化教化可以通过其对人的行为的规范作用实现这一点。文化中的道德规范有其对人的行为的基本要求，个人在将道德规范的要求内化为其对自身的要求时，文化教化能够对个人进行引导，直至道德规范成了个人的行为习惯，那么这个人的道德素养就得到了提高。国民道德修养得到提升的一个重要表现就是国民做出道德行为的能力及自觉性，因此道德行为实践是文化教化在提升国民文明素养过程中的重要目标和客观要求，国民能够自觉地对自身行为进行约束也是文化教化真正发挥作用的重要成果。文化教化规范人的行为的方式在不同的时代有所不同，在我国传统社会，自发的文化规范，如习俗、礼制、家规等更多地支配着人们的行为，但在现代社会，价值取向、理性认知等更加自觉的文化精神在规范人的行为方面发挥着更大的作用。

文化教化能够调控人的活动。文化对人的社会生活产生着重大的影响，人在进行社会活动时，他所认同的文化往往确定了其活动目的和活动方式，个体在对其活动进行可行性评估时参照的价值标准均来自个体自身的文化认知。文化教化能够使人获得其内涵和本质，更加理性地发挥自身的能动性，不再是单纯受自然本性支配的生物人。马克思曾指出：“动物不使自己同自己的生命活动区别开来。它就是自己的生命活动。人则把自己的生命活动本身变成自己意志的和自己意识的对象。他具有有意识的生命活动。”① 人在有意识的思想之中进行活动，寻求自身的生存意义，会对自己的行为做出有目的的规划。而文化作用于人的精神活动，能够影响人的行动规划和选择，可以促使人自觉调节活动方式。整个文化教化的过程，就是优秀的文化成果转化为人的自身属性的过程，那么人在经过文化教化之后就能够对自身有更为明确的认识，进行一切活动更具有目的性，会自觉地停止不适合自己或不符合自身存在的文化环境的活动。道德作为一种社会意识形态，人类只能通过思维去感知，在感知过程中个人的意识扮演重要角色。道德修养意识意味着对人的生命存在事实的超越和提升，个人对道德的感知程度决定了其日常活动的底线，即如果一个人的意识中没有活动底线，他必然不会遵守任何道德规范，但如果一个人意识到自身的原则和底线，他会在日常活动中对自身有所约束。文化教化帮助人明确自己活动的底线，了解正面的价值取向，使人能更有方向性地规划自身的活动，这样道德规范自然而然地融入个人的生活，成为个人活动不可或缺的一部分。文化教化作用于每一个个体的生活，使个体遵循普遍认同的文化所传递的公序良俗，个体的道德素养在个人受文化熏陶并以此调节自身活动后得到提升。整个国家国民的道德素养状况建立在该国国民个人道德素养状况的基础之上，国家每个个体的道德素养得到提升，该国整体的国民文明素养才能得到提升。道

① 《马克思恩格斯选集》第 1 卷，人民出版社 2012 年版，第 56 页。

德体现在个人身上，是个人对自己本性的认知，使自己向良善的一面发展，做到自尊自重并且善待他人，道德在国家中则是和谐社会的保障，一个国家的文明程度必然由道德作为衡量标准。文化教化具体调节的是个人的活动，但在同一个文化环境下生存的群体，受到的文化教化调节是一致的，虽然反应在每个个体身上的效果会不同，但总体上能够起到调节群体社会生活的作用。

文化教化提升人的精神境界。一个人要想从自然人转变为社会人就必然要经过社会化，社会化在人类社会中通过文化教化而实现。文化教化通过对人的思想观念和思维方式进行引导来完成人的社会化，在这一过程中，人们的道德思想、审美水平和认识能力均得到提升，即人的整体精神境界得到了提升。文化是一个价值体系，其中核心的价值观念提供着人们对事物进行判断的基本标准，人们追求“真、善、美”并且摒弃“假、恶、丑”，那么文化的核心价值观就提供给人们何为“真、善、美”的基本评价体系。文化教化可以将“真、善、美”的评价标准内化为人们自身的人格素养，比如，一个人的责任感、正义感、是非观、羞耻心和审美能力。文化教化引导人追求自身的生存意义，帮助人进行价值探询和价值选择，并且帮助人们确立自己的理想并努力超越现实以实现自身的理想生活，有崇高的思想境界才会建立崇高的理想。文化具有的人文精神对人的精神境界提升有着更为重大的意义，人文精神影响着人的人格目标和精神追求。“人作为文化性的存在，人类各种文化当中都蕴含着人文精神，只不过不同的人文精神的着重点不同……中华文化的倾向是通过人本身内在的德性修养表现人之‘文’。”① 人的思想境界的提升也是理性能力的提升，依靠自身的理性认识去追求世界的“真、善、美”，认识自身存在的价值与责任，这样才能真正成为一个道德主体。

随着中国特色社会主义进入新时代，人们的生活质量得到质的

① 胡海波等：《中华民族精神家园的生命精神研究》，人民出版社 2015 年版，第 133 页。

提升，随之发生变化的还有中国人的道德观念和价值取向。“市场经济的导向促进社会结构的多元化并承诺了人的多种需要，个人利益的正当性唤醒了被抑制的‘自我’与‘自主’。”① 社会主义核心价值观是社会主义核心价值体系的内核，是我国文化教化所提倡的价值目标和价值准则，特别是“爱国、敬业、诚信、友善”是对公民个人的价值导向，体现着精神境界高尚的公民应有的心灵追求。中国要实现国民文明素养的整体提升，就要通过文化教化弘扬社会主义核心价值观，它为我国公民提供了基本的道德规范。

文化教化作为人的社会化过程，对人的道德素养提升具有重大意义，个体是社会和国家的基础，一个国家的国民文明素养提升必然离不开文化教化的作用。重视文化教化作用并加强文化教化效果是提升我国国民文明素养的有效途径。

之所以从古至今，都十分重视社会主导价值观对人的生命的导引作用，其合理性在于：在现实中，许多人并不了解人及应该如何做人。人们常常认为，只要有了自然生命，理所当然自己就是人，从而把做人看得很容易，没有人格意识，实质这种人只是动物一样的“人形动物”，根本没有走出本能生命的局限，自然这种自然状态的生命体也不会有人的追求。这种现实客观上说明迫切需要对人的自然生命进行导引。这一过程如果仅靠个体生命从自在走向自觉将是困难的，也是不可能的。

社会文化塑造对以文化人的重要性还表现为对人的生命旅程的努力方向进行导引，导引人们自觉追求真、善、美，追求属于人的高尚性。社会文化塑造本质上具有教化功能。以文化人的获得、占有是有多种可能性的，人的发展也不是只有一条向善向上的道路，至少从性质上可好可坏，可善也可恶，关键是如何引导。因此，不能让生命去自然生长，社会要导引人们追求真、善、美。在社会主义初级阶

① 金生鈜：《德性与教化——从苏格拉底到尼采：西方道德教育哲学思想研究》，湖南大学出版社 2003 年版，第 322 页。

段，社会文化或社会精神的核心是要以科学理论武装人，以正确的舆论引导人，以高尚的精神塑造人，以优秀的作品鼓舞人，引导人自觉确立高尚的价值追求。

社会思想对人的导引作用还应包括善于并能激活人的潜能，唤醒人的主体意识，使人成为真正的主体。人的主体意识的觉醒也就是人的自我觉醒，是人成为人的关键。只有在主体意识的统摄下，人才能对自身在世界中的地位、作用，以及对自身的本质力量有自觉的认识，才能去自觉追求和占有人的本质，才能自觉承担人的责任。占有人的本质的过程就是人由自然生命跃入自为生命的过程即成人的过程。

第三节　自我觉解和价值选择是以文化人的能动力量

一、社会文化塑造与文化修养的自我意识觉解

以文化人的目的在于促进人性的完善，社会文化为人成为人提供了方向依据，社会文化塑造固然重要，但是，社会文化的主导和教化能否内化为个体的自觉意识，这成为修养实践的关键节点。修养的实现关键就在于它是自我修养，它主要不是由外部力量或从外部来进行修养，而是由具有自我意识的人进行自我修养。自我修养当然需要外部条件的配合，但修养本身更靠自觉，是自我主动进行的。因为修养的本质和最终落脚点在于“修”和“养”，只有人们注重修养、自觉修养意识，社会文化的积极引导才能切实转化为人们精神境界的提升。人们一旦有了对人性修养的深刻认识，对人性良善的守望，人格意识的自觉，对修养具有自我追求发展的内在动力价值认识，对自身的全面发展和人格的升华的追求，他就会把修养问题升华为内心的法，自觉遵守。对此，很多人都持这一观点，他们认为，现代人的问题、包括修养问题，与其说是缺少科学知识，不如说是人对自身的认识还没有达到全面和深入的程度。如同哲学人类学家所说，人的存在

不是遵循一个预先确定好的必然进程，大自然只完成了人的一半，另一半只有人自己来完成。人必须依靠自己的努力来解决生命中固有的许多矛盾。

文化哲学人类学家兰德曼认为，哲学人类学追问“人是什么”的必要性在于：人是一种独特的存在物，这种存在物必须塑造自己，并因此需要一个指明方向的榜样或理想以供参照。这样，关于人的自我解释对人的自我塑造就会有重大影响，文化对人的生存现实具有一种构建作用。这对我们理解人的修养问题，明确个人主体在修养中的责任承担意义重要。康德特别强调人的自我意识在人的修养中的重要性，康德认为，“自律性就是人和任何理性本性的尊严的根据”，即“自律”和“责任”使人变得崇高和令人尊敬，也使人能够独享尊严，而且，“责任的诫命越是严厉，内在尊严越是崇高”①。

二、价值判断和价值选择影响以文化人成效

人的修养程度从本质上说是修养的主体出于修养的需要而对修养的文化信息的择取、选择和践履的过程。这一过程具有鲜明的主体性。不同的人，具有不同的主体特性。主体的自我意识和需求意识、知识结构要素是人的主体特性中最为主要的要素或核心性要素，“自我意识是指主体对自身存在状况和对自身不同于客体的主体地位的认识，它趋向于主体和客体的分离。需求意识是指主体自身对客体对象的需求意识，它趋向于主体和客体的结合，以满足于自身的外向需求”②。可以说，主体的自我意识和需求意识是人的一切行为的驱动性要素，只有人自身把个人修养当作是一件有意义和有尊严的事情，深刻意识到个人修养亟待提升的迫切性，把个人修养当作一种目的性追求，并以动机的方式支配人的行为，修养的问题才可能进入实践领域。

在人的修养问题上，越来越侧重于主体责任，由此唤醒主体的

---

① ［德］康德：《道德形而上学原理》，苗力田译，上海人民出版社 2005 年版，第 77 页。

② 张琼、马尽举：《道德接受论》，中国社会科学出版社 1995 年版，第 35 页。

意识自觉十分重要。修养意识是个体主体渴望升华人性、净化灵魂、追求崇高、完善人生的一种高级的精神追求，相当于马斯洛的需要层次理论中的第四个层次的尊重需要，包括自尊和他尊。自尊需要的满足对于个体的自我实现具有特别重要和关键的意义。没有个体内在的修养需求，修养实践无法启动。

因此，以文化人同时也是主体自觉选择的过程。以文化人首先是社会文化塑造的过程，社会文化塑造为以文化人的提升提供了导引和创造了必要的人文环境，但这只是一种外在的可能性，这种可能性的实现有赖于人自身的认同和努力。因为毕竟社会文化塑造给以文化人的发展提供了相当大的可能性空间，在这个空间中人的主体意识自觉和价值选择起很大作用，只有个体对社会文化的导引怀有内在的敬重和真诚，认同和赞赏，并在理性高度上达到自觉，这种知与悟实现统一，知才能外化为规范，知才能外化为行。实际上，就人的社会层面而言，以文化人及以文化人的程度是划分人的各种现实差别的尺度，如君子与小人等，这是就主体自身人格修养而言的。这说明，以文化人在获得过程中，除了社会文化塑造之外，人自身是负有责任的，就以文化人的实质而言，是他人不可替代而需作为主体去独立完成的。就人与自我的关系看，人把自己培养成什么样的人，总体上说主动权在自己手里。人应该学会追求觉悟，完成崇高境界的自我塑造生成。

三、人是自我人格养成的责任人

冯友兰先生说："人异于禽兽者在觉解。"能不能觉解或觉悟是社会文化塑造能否与主体选择实现辩证统一的关键。社会对人的塑造过程说到底是社会导引人的精神内化的过程，内化的实现就是觉悟的过程即实践观念形成的过程。有了觉悟这一环，人才能使人的追求由内显于外，变为一种现实的努力活动，才能具有实践性品格。这是觉悟的意义所在。

觉悟的内涵是什么呢？觉即觉人之为人之道，悟即悟人之为人之尊严。一句话，崇高精神境界的自我塑造生成需要觉悟为先。只有对社会导引的觉悟才能生成崇高的精神境界，才能树立高层次的精神追求。崇高人生境界说到底是人生理想问题。

崇高境界是具有主体意识的人所独有的一种观念形态的现象，是人的整个存在的精神体现，它是人与自然、社会发生关系过程中形成的，是一种稳定的精神定势。在这个过程中，人的主观能动性起重要作用，这表现为两方面：首先是具有主体意识的人要善于学会觉悟，具有强烈和清晰的自我意识。他通过对自我的反思确证，达到对自我与自然、社会、他人关系的准确理解和把握，在此基础上确认自己的崇高人生追求和理想，不断优化自己的生存状态。其次是人还具有认识和把握客观世界的自觉要求和本质力量。这种认识能力不仅体现在作为“类”的人的认识能力的至上性和无限性上，还体现在他认识世界的创造性、超前性上。所以，崇高精神境界的生成和发展是具有主体自我意识的人的超越本性和超越认识能力相结合的过程和结果。能动性还表现在能否生成崇高精神境界，往往还源于主体具有如下品质：他能够恰如其分地评价人生努力，确认自己的目标，能够详实地理解自我、别人和可供选择的事物，具有追求既定目标的恒心毅力。这样的人在人生中更能得到满足感，更能充分实现自己。

因此，是否觉悟，能否学会觉悟，本质上是主体意识的觉醒及程度问题。人的主体意识愈强烈，对自身认识愈深刻，人对崇高精神境界的追求就更加自觉、更加富有创造力，人就能愈丰富地占有人的本质。可见，以文化人的获得是社会文化塑造与主体觉解和价值选择的统一，是受动与能动的统一。

习近平总书记指出：“道不可坐论，德不能空谈。于实处用力，从知行合一上下功夫，核心价值观才能内化为人们的精神追求，外化为人们的自觉行动。”① 可见，在完善人们精神世界的基础上，使其将精神追求转化为自觉行动，通过实际行为实现精神追求的外化，是“以文化人”“以文育人”的最高价值和归宿。

---

① 《习近平谈治国理政》第一卷，外文出版社 2018 年版，第 173 页。

第四章　自我意识的唤醒：追求人性尊严

法国思想家马里坦指出："我们每个人身上都有一个奥秘，这个奥秘就是人格。我们知道，任何名副其实的文明，其基本性质就是尊重和感受到人格的尊严。"① 以文化人的目标是高尚人格的塑造，在社会环境一定的情况下，人格的形成与自我期待下的自我觉解紧密相关，这种相关性可以说由多种主观因素构成，其中，人对人格的自尊意识是自我意识的关节点，觉解主要是觉解人之尊严。在当下，从加强针对性意义上，以文化人主要是要提升人的尊严感。因为人的尊严意识的唤醒是塑造现代化人精神气质的主要内容。为什么强调人的尊严意识唤醒的重要性？人的尊严与以文化人是什么关系？这都与如何理解尊严有关。那么，什么是人的尊严？人为什么要具有尊严？人的什么方面具有尊严等问题是我们要首先辨析清楚的。

第一节　人性尊严的内涵及思想资源

一、人性尊严的多维理解

尊严可以说是人性最敏感和最核心的构成，是理解人之为人不可或缺的维度。与尊严概念接近的范畴，如"高贵""崇高"等。尊

① ［法］马里坦：《人的权利和自然法》，转引自万俊人：《20 世纪西方伦理学经典》Ⅲ，中国人民大学出版社 2004 年版，第 250 页。

严的概念，在不同的理解层面可以说观点多样。尊严概念的这种多义性，首先在于不同学科对人的尊严有不同理解。

法学界多是从人权角度研究人的尊严，心理学界多是从人的自尊角度研究人的尊严，伦理学界多是从人的道德角度研究人的尊严问题。当人们从不同学科不同角度论述“人的尊严”时，解释有所不同。因此，梳理分析不同学科关于“人的尊严”的不同理解和侧重点，对于从文化意义上研究整合“尊严”概念的含义显得尤为必要和重要。

从生物学角度看，生物学所理解的“‘人的尊严’与动物相区分，具体可以论述为人的生命形式享有的一种特殊的尊贵和庄严，这是区别于物和其他一切生命形式的，也可以说成是‘人的生命尊严’”①。生物学意义上人的生命尊严的基础是人的基因和人的生命特征，主体是生物学意义上的人。特别要明确的是，哪怕是一个婴儿、一个身体不健全的人、一个精神病人，他都具有人的尊严，也就是说这种人的生命尊严不附加其他任何条件，不论其肤色、种族、地域，也不论其性别、年龄、智商，每个生命个体都享有人的尊严。在这个意义上，生物学意义上人的生命尊严，由于他的外延或者说所涉及的范围是整个人类，因此说这是具有最普遍性的人的尊严，也是底线意义上人的尊严，属于类尊严，或者是生命尊严。

这种理解在国外学者的研究中也有呈现。奥利弗·森森在《康德的尊严概念》一文中提出尊严的三种范式，即古代范式、传统范式和当代范式。他所说的当代范式将尊严理解为人的一种特定价值，即“绝对的”“内在的”或“无条件的”价值，这种价值与其他任何事物所具有的相对价值相对应，绝不可能和其他价值交换，只要作为人都具有这一绝对价值，这是人必须得到尊重的规范理由。价值被设想为一种本体论的属性或性质。② 现代范式的尊严观与中国生物学界对尊

---

① 韩跃红、孙书行：《人的尊严和生命的尊严释义》，《哲学研究》2006年第3期，第63页。

② 参见刘睿：《康德尊严学说研究》，武汉大学博士学位论文，2013年，第49页。

严的理解有同一的基础。

心理学意义上所理解的尊严，即“由于人认识到自己的主体地位和社会价值而产生的自尊心和自豪感，可以概括为人的自尊心理和人的尊严意识，也可以称为‘人的心理尊严’。这种‘人的心理尊严’是一种主观自在意识或体验”①。它可以出于自尊和自爱；可以是对自我的认定和由此产生的社会价值的自我肯定；可以通过地位、财富、权力等物质条件进行自我肯定从而产生自尊心和自豪感。可以说，尊严属于人的一种心理意识，它受人的认识、态度和体验的制约。它源自心理和谐，当人自己感受到内心和谐宁静的时候，人自己能体会到幸福和尊严，心理和谐是人的尊严的基础和源泉。由此可见，这种人的心理尊严，是一种精神特质，属于人的自我意识。

社会学角度的尊严，“是一种令人尊敬、敬畏、独立而不可侵犯的身份和地位，可以概括为他人、群体和社会与个人建立某种社会关系，对个人的价值给予承认和尊重，也可以称为‘人的社会尊严’”②。这是一种通过人的待遇、威望、身份等所反映出来的外在客观状态，相当于每个人对外树立的“威严”。它针对的是个人的社会承认和社会评价，并且最后受社会认可程度的制约。社会学中“人的尊严”有两方面内容：一方面，社会是人的尊严形成和发展的基础，作为个体的人正是在现实社会中，通过各式各样的社会关系，逐步改变自己的存在性，逐渐向社会性存在转变。当人逐渐意识到自己存在性的改变时，人的社会位置和社会地位也随之发生了改变，意识到了自己的价值，确立了人的尊严。另一方面，人的尊严取决于社会发展程度，同时也受到社会关系的制约，人是社会中的一员，他在参与社会活动的过程中必然要受到社会责任、法律法规和道德伦理的约束，也只有符合社会责任、法律法规和道德伦理的原则才能构成人的尊严。

① 韩跃红、孙书行：《人的尊严和生命的尊严释义》，《哲学研究》2006 年第 3 期，第 64 页。

② 张鹏：《临终关怀的道德哲学研究》，东南大学博士学位论文，2009 年，第 105 页。

奥利弗·森森在《康德的尊严概念》一文中提出的尊严的古代范式与中国学者在社会学意义上使用的尊严概念有同义。他所说的古代范式以古罗马对“尊严”的使用为基础，尊严主要是一个政治概念，指社会中政治权力更高的级别或较高的地位，它仅仅只能用于少数人。尊严最初的含义意指一种至高的、足以引起人敬畏的地位。地位可能会丢失，但也可以重新获得。较高的地位带来特权，但也暗含行为和举止必须与其地位相一致的义务。这一尊严观隐含着旁观者应尊重较高地位者的要求，它没有被设想为一种人拥有的价值，但能指一种级别的提升。①

法理学角度“人的尊严”含义是，每个人都享有自我实现的权利，每个人都希望自己被友好地对待，每个人都希望自己的内在价值受到他人的尊重。正如歌德所说，尊严就是如人们所期待的那样去对待他们，并且帮助他们成为与其能力和才华相匹配的人。关于“人的尊严”，法律上有多种表述，但是多数学者采取从宪法和法律角度确认人的尊严。目前在我国法律中，“人格尊严”与“人的尊严”是作为同一概念被使用的。“我国《宪法》第38条规定‘中华人民共和国公民的人格尊严不受侵犯，禁止用任何方法对公民进行侮辱、诽谤和诬告陷害。’对于宪法中规定的人格尊严，很多学者认为，公民、法人作为独立的社会主体它的资格不受他人侵犯，并应得到其他人的尊重。它集中表现为名誉权、肖像权、姓名权、隐私权，其他人格权如生命健康权、自由权等均从不同侧面维护、保证人的尊严。”② 人的尊严是宪法的最高价值，人是目的，每个人都享有自我实现的权利，每个人都希望自己被友好地对待，每个人都希望自己的内在价值受到他人的尊重。由此可见，法理学角度“人的尊严”指的是，立足于社会、人与人之间的关系。说明人与人之间不管有怎样的不同，但作为人，每个人都具有平等的尊严。法理学角度中尊严的表现形式即是人

---

① 参见刘睿：《康德尊严学说研究》，武汉大学博士学位论文，2013年，第49页。

② 刘娟：《简论我国人格尊严实现的道德基础和法律保障》，《道德与文明》2009年第4期。

权，“人的尊严”与人的基本权利关系十分密切。法理学中人权的基础是人的尊严，人权的核心则是人的尊严权，人权的最高原则是人的尊严原则。

伦理学角度的“尊严”，“一般和道德一词连用形成‘道德人格’，说的是道德主体在道德生活中，意识到自己的道德责任、道德义务，从而树立起道德理想，参与道德生活，从而意识到做人的尊严”①。在现实生活中人受道德的制约，这就使人的尊严不仅具有生物属性，而且具有人类社会特有的道德属性。尊严的道德特性，产生于人类特有的纯粹的理性精神，表现为我国特有的社会主义道德理念价值观念。

由于人生存在社会中，人格尊严也就形成于社会中，所以人格尊严并不存在于抽象意义中，而是与社会紧密相连的，它承载了丰富的社会内容。它受政治、经济地位的影响，因此，要考察人格尊严就必须要考察与其有关的其他社会因素。而伦理就是其他社会因素中较为重要的因素，从伦理意义上说，无论人的政治、经济地位怎样，任何人的人格尊严都是平等的，任何人都有生存和发展的权利。奥利弗·森森在《康德的尊严概念》一文中提出的传统范式的尊严观与中国生物学界对尊严的理解有同一的基础。传统范式尊严观主张人的尊严在于人在自然中具有特有的能力，如理性，从而使人能够独立于直接的自然规定，这使人与其他任何事物区分开来，人也具有正确运用理性的义务。②

二、尊严体现着生命文明

通过对不同学科关于人的尊严的分析，我们发现关于人的尊严没有一个明确的界定，而关于文化视域中人的尊严概念更是鲜有人问津。而人的尊严问题离开文化是无法得到全面认知的，因为，尊严与人性、与人的精神性属性密切相关。在文化的视域中，如果自我意

---

① 刘娟：《简论我国人格尊严实现的道德基础和法律保障》，《道德与文明》2009 年第 4 期。

② 参见刘睿：《康德尊严学说研究》，武汉大学博士学位论文，2013 年，第 49 页。

识是人把自我与外物、人与自我划分的标志，且也是文化产生的标志，那么，只有自我意识的形成，作为文化意义上的自尊意识才有可能产生。我们认为，文化视域中人的尊严是人对人的价值的自我意识的觉醒，人的主体性的萌发，是一种能够使人意识到自我，追求崇高而且能够崇高的一种精神力量、精神状态和社会价值体现。尊严体现着生命的文明。尊严意识属于人的自我意识，它受人的认识、态度和体验的制约。尊严程度，是一种精神特质，是外化了的人的自我意识水平。文化尊严包括生物尊严、社会尊严、心理尊严、法律尊严、伦理尊严等。我们应该从人的主体性和人的精神性两个角度思考人的尊严问题。即从绝对的意义上，人若要有尊严，首先要有敬畏生命的尊严意识，只有敬畏生命的尊严，人才能赋予生命存在以价值，尊严是内在于每个生命的，这是无条件的。但是，在具体历史的环境下，在现实的社会关系中，尊严的获得又依赖于主体自觉和努力，只有一个人有尊严意识，并在真、善、美的理念指导下，提升自己的品行和价值，并把这价值贡献给他人和世界，一个人才能真正拥有尊严。正如康德所强调的，一个能够具有道德的人性才具有尊严。可见，人应当享有人的尊严、甚至包括人能够做到道德自律，也只是人获得尊严的一种可能性，在现实条件下，人是否具有尊严，在实践上则完全是另一回事。这已经在现实意义上表明，人的尊严的有条件性。

若要深刻理解尊严问题，我们无法绕过康德的尊严思想。关于尊严，康德著作中使用最多的两种提法是“道德的尊严”与“人性的尊严”。康德曾明确指出：“道德和能够具有道德的人性是唯一有尊严的。”① 康德对尊严的这一解释既有其历史逻辑的必然性、理论逻辑的必然性也有其实践逻辑的驱使。根据这一尊严观，康德被当成道德实在论者，主张人本身存在一种非关系性价值特性，即所有人都有一种固有的尊贵性内在价值。② 康德明确将尊严赋予道德与人性，并强调

---

① 《康德著作全集》第 4 卷，中国人民大学出版社 2010 年版，第 443 页。

② 参见 Oliver Sensen, Kant's Conception of Human Dignity, Kant-Studien, 100. Jahrg. Walterde Gruyter, 2009, pp.309–331。

能够具有道德的人性才具有尊严，而人性普遍具有道德性，根据康德，自律（道德性）是人性尊严的根据与唯一条件，强调尊严作为绝对价值对人的规范性意义过程中，也凸显了尊严的义务性。“在此意义上价值实在论的观点，即认为绝对价值是人性自动具有的内在的无条件的价值，但强调不能脱离道德性来把握人性的价值。”① 从古代范式的尊严观、传统范式的尊严观和当代范式的尊严观逻辑发展分析不难看出，尽管它们各自强调的侧重点不同，但是共同点却是一致的，即都有一个关于人的尊严的前提预设，从古代的“地位预设”、近代的“理性预设”到现代的“人性预设”，而预设界定了尊严的内涵，本身就成为一种规范，无形中就规范着人的行为和举止必须与其或地位、或理性、或人性相一致的义务，其中，应当特别注意的是，无论地位、理性和人性都是一种高级别的品性和崇高，都是知识、善、美好、高贵的集成体，是黑格尔所说的人“自视能配得上最高尚的东西”。我们把这个意义上的人的尊严称为是有条件的尊严。这说明，强调尊严的条件性有其深刻的历史传统。

从理论逻辑上审视，康德所申明的尊严是一种获得性的尊严，这意味着人的尊严不是人固有的，而是一种后天的文化规范性要求，尊严概念蕴含了对人作为类的一个成员的一种规范性要求，即在行为举止中必须体现出人性本身超越于自然万物的庄严性与高贵性。康德曾明确指出，尊严就是“努力脱离其本性的粗野，脱离动物性［行为上的］，越来越上升到人性”②。康德的理论贡献就在于其将尊严根据牢牢奠定在人所具有的自我立法能力之上，康德十分明确地提出：“自律就是人的本性和任何有理性的本性尊严的根据。”③ 康德在《实践理性批判》中也多次指出，人只有作为道德律的主体，才使人性成为神圣的，才具有人的尊严。这也凸显了关于人的自尊意识或者说尊严感在以文化人和以文育人中观念启蒙的重要性。“尊严感则指人作

① 刘睿：《康德尊严学说研究》，武汉大学博士学位论文，2013 年，第 49 页。

② 《康德著作全集》第 6 卷，中国人民大学出版社 2007 年版，第 400 页。

③ 《康德著作全集》第 4 卷，中国人民大学出版社 2005 年版，第 421 页。

为个体对自身尊严的意识，也即是否具有优越感和是否被他人尊重的一种情感体验，它促使人追求和捍卫自身的尊严，同时又要求避免侮辱和轻视，具有程度的差别。①

这一理解和认知，显然与学界一些学者主张的人的尊严具有绝对价值的观点相悖。所以，需要解释和说明。在一定意义上，一些学者认为，无论是古代尊严观、传统尊严观还是当代尊严观，其尊严的有条件性造成了人的尊严上的不平等问题，他们主张人的尊严是无条件的。而且，其理论的立论前提和根据往往以康德的“人是目的”的基本观点为支撑，或被称为“自我目的——尊严说”。这一模式的核心思想是：人是目的，作为自我目的的人不允许被纯粹工具化，其实质就是将“使人工具化”等同于“侵犯其尊严”。“在康德看来，理性存在者普遍具有自律性，因而可推出，理性存在者普遍具有的尊严资格，这样康德通过对自律普遍性各个不同角度的阐明为人的平等奠定了本体论与人性论的基础，这是他为捍卫人的平等所做出的重大努力。”② 但在本质意义上，“从根本上说，道德法则要求无条件敬重人和人因道德性而具有内在的珍贵性从而应该得到无条件敬重这二者之间并无矛盾，它们统一于人内在的本真的我和善良意志的可能性之中”③。而且，应当进一步强调的是，康德只是强调人“不能仅被用作手段”，并不是说人不能被用作手段。对康德而言，人格（人性）的尊严也就意指人格（人性）的崇高。康德不仅将尊严界定为人相对于动物的提升与崇高，他还明确地将尊严界定为道德与人性的绝对价值与内在价值。绝对价值是纯粹理性关于人应该做什么的规定，人性因其道德性才具有绝对价值。理性的同一性使每一个理性存在者都可能做到将理性本性视为目的自身并以此来规定自己的意志，也即具有意志的自律的可能性。作为尊严根据的自律性既然不表现为实现了的自律，而只是一种意志自律的可能性。事实上，“我们将人性作为尊

① 刘睿：《康德尊严学说研究》，武汉大学博士学位论文，2013 年，第 3 页。

② 刘睿：《康德尊严学说研究》，武汉大学博士学位论文，2013 年，第 63 页。

③ 刘睿：《康德尊严学说研究》，武汉大学博士学位论文，2013 年，第 67 页。

严主体因而是无条件敬重对象时，必须注意两个问题。其一，人性作为理性本性包括两个缺一不可的能力，即一般设定目的的能力和道德性，这二者作为人性的能力都是应该得到无条件敬重的对象，无论突出哪一方面都将在事实上导致对另一方面的忽略，也将导致对康德尊严概念乃至整个尊严学说的片面理解。其二，康德所说的‘能够具有道德的人性具有尊严’，强调了人性是因其道德性才成为尊严的主体，或者说道德性是人性尊严的唯一条件，因而要特别注意不能脱离人的道德性来单独理解或界定人性的尊严。”① 如果脱离道德性人就无所谓权利的尊严，因而个体自身不应该无视德性的提升而单独地追求人的合法权利或选择自由，它是从应然的角度所给予的说明。我们“根据解读的不同侧重点将这一规范性要求又分成两个方面展开论述。其一，永远不要将人性仅用作手段，侧重解读‘不仅用作手段’的判断标准；其二，永远将人性同时用作目的自身，侧重阐述‘同时用作目的自身’的基本要求”②。在一个分工日益细化的社会，与他人交换劳动产品与服务成为个人生存的必要条件，如果不允许将人性用作手段，个人将无法生存。所以，康德的“人是目的”的无条件性表面上是要无条件敬重人，但是，所谓无条件敬重人也就是无条件敬重人的道德性和内含道德性的人性，实际上这种无条件本质上是有条件的。康德的这一思想说明，理性的人的道德自律只是其获得尊严的一种可能性，在现实条件下，人是否具有尊严，在实践上则完全是另一回事。

从实践逻辑看，任何以承认人的尊严为前提的尊严理论研究，都是因为在实践中人的尊严处于某种被危及的状态，亟待解决如何恢复人的尊严并争取使人更有尊严的现实诉求。比如，人的尊严遭到侮辱、怀疑、忽略、侵犯、缺乏和丧失等，在实践层次出现的问题迫切需要在理论上探讨如何获得和捍卫人的尊严的问题。这在一定意义

① 刘睿：《康德尊严学说研究》，武汉大学博士学位论文，2013 年，第 88 页。
② 刘睿：《康德尊严学说研究》，武汉大学博士学位论文，2013 年，第 93 页。

上，已经说明了尊严并不是无条件的，而是一种有条件的获得性品质。在如何捍卫人的尊严问题上康德认为，其基本路径一是促进自身的德性提升，这是伦理学尊严概念的规范性要求的运用。因为，尽管“所有人类都应该在人性层面上获得应有的尊重，但人类在行为举止方面经常采取对他人造成伤害的方式，以致人们难以依据某人的所作所为对他们表示尊重……要获得他人的尊重，也就意味着，人们必须在符合与他人和谐相处的基本原则的基础上，做出某种具有超越意义的高尚行为”①。基本路径二是保障任何人格在交互关系中的合法权利，包括我和所有一切人，这是政治学尊严概念的规范性要求的运用。康德的尊严观是德性尊严观与权利尊严观的统一。所以，敬重人并不是意味着应该无条件尊重人的全部，即拥有尊严与配享尊严是两回事。人的尊严包含了外在因素和内在因素两个方面，其中财富、地位、外貌及其象征性符号这些外在因素也都属于人，并且也只有对人才具有价值的意义。但对这些因素的尊重都是有条件的。同时，人自身作为整体还包含了动物性和人性两个不同方面，不能将人的动物性作为无条件敬重的客体，因而，“无条件尊重人总是应该有所选择和指向的，选择的对象就是尊严的主体，如若不能明确这一点，我们在捍卫与提升人的尊严努力中就将失去方向。”②

康德对人性和人性尊严的阐释是极为深刻的，但是其尊严理论也存在理论困境。有学者批判到，康德的尊严观立足于人的一种自律与自足的假设，自律是人的尊严的根据，自足是人保持尊严的条件，一切处于时间中的因素对个体都可以没有影响，个体因为先验自由总是可以选择道德法则作为自己行为的规定根据，必须为所有出自本人的行为承担道德责任，其自尊和配享幸福的比例也完全建立在自身道德价值的基础之上。然而在现实中，人不可避免地生活于各种权力组织与依附关系中，很多人无法拥有维持自己生计的力

① ［美］唐娜·希克斯：《尊严》，叶继英译，中国人民大学出版社 2016 年版，第 7 页。
② 刘睿：《康德尊严学说研究》，武汉大学博士学位论文，2013 年，第 74 页。

量，个人的家庭背景、性别、社会地位、历史与文化等因素深深影响着个人的选择。

第二节　中国文化语境中人性尊严问题

在中国的学术话语体系中，尊严的问题在2010年后一度成为一个热点话题。其缘起于2010年春节团拜会上，温家宝在其讲话中提出，要“让人民活得更有尊严”的话语。温家宝在随后召开的十一届全国人民代表大会第三次会议的政府工作报告中再次重申：“我们所做的一切都是要让人民生活得更加幸福、更有尊严，让社会更加公正、更加和谐。”“让人民生活得更有尊严”这一思想彰显了我们党“执政为民”“以人为本”的施政理念。在之后的关于如何“让人民活得更有尊严”的讨论中提炼出一个更为本质的问题：以人为本及如何贯彻落实“以人为本”问题。

人的尊严问题的讨论之所以带出以人为本的问题，是因为这两个问题涉及的根本问题都是人的本质问题或者说人性问题。围绕着人是目的还是手段，或者是目的和手段的统一的讨论在一定意义上深化了现代历史条件下对人性的理解。不仅如此，以人为本的提出恰恰是抓住了人的尊严问题的核心问题，构成了理解和实践人的尊严的理论突破口。因此，在中国语境中，讨论人的尊严问题首先在理论上要破冰，要以树立和普及以人为本的理念为开端。

尽管各个学科对以人为本的理解各有侧重，但是，在马克思主义理论学科中，基于历史唯物主义视域，从普遍性原则讨论以人为本含义的认识进展，对于我们理解尊严问题更富有启示性，而这又反映了改革开放以来中国共产党对提升民众主体性认识不断深化的过程。我们认为，只有结合新时代中国特色社会主义现代化的实践，以唯物史观的立场、观点和方法才能全面、科学地理解当下我们讨论的人的尊严问题、以人为本的真实内涵。

一、以人为本是人性尊严的核心理念

我国历史上并不缺少关于人的尊严的思想，只是鲜有人明确提出这一概念。我们可以从一些名言警句中寻找尊严思想的痕迹。从孔子“三军可夺帅也，匹夫不可夺志也”的名言警句，到文天祥“人生自古谁无死，留取丹心照汗青”的铮铮铁骨；从齐国人不食“嗟来之食”到陶渊明不为五斗米折腰，无不体现了人格尊严的耀眼光芒和人最为天下贵的人本理念。

人的尊严问题的前提性问题与如何认识人有关，只有以人为本，才能谈到人的尊严问题。中国理论界关于以人为本内涵的理解习惯于从“人”“本”的逻辑解读开始，以人为本固然有某种理论的逻辑、理想和应当的维度，但是，纯粹的逻辑解释难以把在当下强调的以人为本和人的尊严问题的时代性内涵阐述清晰。因为人类的认识总是具体的和历史的。一种思想的原本含义和价值只有从其产生的时代背景中才能得到说明，其实践逻辑是更为根本的现实的理由和根据。从问题角度出发，我们可以说，面对不同的时代课题和任务，应运而生的理论是解决时代课题的理念和原则，这是确定其内涵的根据。即从社会历史生活本身的逻辑来揭示以人为本和人的尊严的逻辑及其现实含义更具研究的基础性。这也是历史唯物主义对人的尊严问题解释的独特性和价值性所在。

基于这样的理解，我们认识以人为本、人的尊严问题至少需要从实践维度和理论维度两个角度讨论分析其应有的内涵。

在实践层面，以人为本及人的尊严问题的提出有其深刻的时代动因和依据。从中国社会主义现代化建设的国际环境来说，20 世纪 80 年代，联合国发布了《我们共同的未来》的报告，提出了可持续发展思想。可持续发展观的核心是以人的发展为核心，追求发展的可持续性和发展的人文性，强调和突出人本身的自由、平等和全面发展，其基本特征是注重人的主体性，从人的角度去理解发展问题，以矫治曾经流行的“以经济增长为核心的发展观”和“以社会发展为核心的综合发展观”的现代化模式所带来的“物化”和环境问题的弊端，期望以此作为规范世界各国，尤其是发展中国家现代化发展的原则。中国作为世界上的发展中大国，20 世纪 80 年代再次开启现代化进程，现代化的重心是发展，如何发展？发展依靠谁？发展为了谁？如何减少西方现代化发展中的巨大环境代价？中国究竟要走一条什么样的现代性发展道路？经过新中国 40 年来的发展，在以社会积累为基础的、以社会发展为中心的发展达到一定阶段后，如何转向以人的发展为中心，这些发展中的前沿问题是必须解决的。发展的实践需要发展的理论，中国共产党统揽国际和国内两个大局，顺应世界潮流，认真吸收和借鉴国外发展理论的积极成果，创新性地提出了科学发展观的中国现代化发展战略和原则。科学发展观，第一要义是发展，核心是以人为本，基本要求是全面协调可持续，根本方法是统筹兼顾。而 2010 年提出，让人民有尊严地生活也就顺理成章了。无论科学发展观强调的以人为本，还是强调让人民有尊严地生活，都体现了马克思主义历史唯物论群众史观的基本原理并赋予了其时代性内涵，体现了我们党全心全意为人民服务的根本宗旨和我们推动经济社会发展的根本目的。

从国内境遇看，20 世纪 80 年代中国进入社会转型期，社会主义市场经济体制的建立，社会结构的改变与人的现代性获得成为相互促进和相互支撑的问题，社会发展与人的发展的互动性和相互制约性日益凸显。社会主义现代化需要人的现代化，社会主义市场经济体制的建立客观上要求改变人的生存方式，改变人的传统思维观念和行为方式，要求人的独立性、自主性和创造性的主体性的增长。理论界中多学科介入的关于主体性的热烈讨论在某种程度上反映出中国社会发展实践对人的主体性的诉求。理论研究的积极成果越来越影响着政策的话语系统。中国共产党积极应对中国社会主义现代化的诉求，理论上自觉地把人的建设问题提到更高的地位和作用加以强调：2001 年江泽民在庆祝中国共产党成立八十周年大会上的讲话中，从人类历史发展进程和建设社会主义新社会本质要求的高度出发，把“努力促进人的全面发展”确定为党的历史任务，提出人的自由全面发展是社会主义追求的重要目标。党的十六届三中全会上，我们党提出“以人为本”的概念，并把它与全面、协调、可持续发展的概念，及“五个统筹”的概念作为一个内在联系的有机整体，进一步科学回答了中国的社会主义现代化要“实现什么样的发展和怎样发展”这一我国当前实践中迫切需要解决的重大现实问题。

在这个意义上，中国共产党提出的以人为本，本身是对人的尊严的真正关注和落实，就其针对性和基本内涵而言，其一，在于突出和重视人在社会主义现代化中的主体地位、能动作用和主导作用，充分肯定人在推动社会主义现代化发展中的决定力量。无论我们强调修养，还是强调尊严，发展都是其基本要素。说到底，人的尊严问题不是一种先天的品质，而是要加强人的建设，促进人的全面发展，提升人的价值，才能实现人的尊严。这里的“人”是全称概念，包括所有的社会主义现代化的建设者。其要达到的效果是：尊重一切有利于社会进步的创造愿望，支持一切有利于社会进步的创造活动，充分发挥人的积极性、主动性和创造性的活力。使人人“各尽其能，各得其所”，目的在于唤醒和激发人的社会主义现代化建设的积极的主观能动性和实践创造力，这对于克服我国长期存在的小农经济文化心理传统及计划经济体制的消极影响有其特殊意义。其二，“突出强调人民群众当家做主的社会主义本质特征”①，以人为本是围绕推进我国的社会主义现代化发展这个主题，着重解决发展进程中人民群众的地位问题。人民群众是“人”中的大多数，始终是社会主义建设事业的主力军和党的依靠力量。人民群众也是尊严享有的主体。我们的发展要依靠人民群众，发展成果更要惠及人民群众，中国共产党提出的以人为本，以人民群众的根本利益为本是重点，这是以人为本的特有规定。如果说以人为本是人的尊严问题的核心，那么，人民群众的尊严是社会主义尊严观的核心尊严。其三，是针对中国社会主义市场经济发展

① 陈志尚：《十六大以来党中央提出的重大战略思想的哲学依据》，《马克思主义研究》2007 年第 8 期。

的社会现实，针对市场经济所具有的商品拜物教、金钱至上等“以物为本”的一些消极影响和倾向，提出“以人为本”，强调人的尊严，以消解市场经济的负面影响造成的人的本质的迷失。

从理论自身的发展实现过程来讲，以人为本和人的尊严思想的提出，反映出中国共产党在理论创新上的与时俱进能力。经济全球化使中西方文化有了更广泛的碰撞和交融，现代西方文化的基本结构是以人的自由为核心，以理性精神和人本精神为两翼，高扬人的主体性，其教育文化更加注重人的精神成长和人的尊严教育。现代西方文化具有现代社会共享的时代元素和广泛的流行性，尽管现代西方文化也有其弊端，但是，谁也不能否认其倡导的理性精神、人文精神、人的尊严教育的合理性存在及其影响力量。

中国自改革开放以来，进入了社会转型期，我们的文化发展处于西方理性主义文化思潮、人本主义文化思潮的裹挟和中国传统文化的影响的三重文化背景之中，甚至还要抵御后现代主义文化的冲击，文化的现代转型任重道远。以马克思主义为指导思想的中国社会主义文化在坚持社会主义文化立场的基础上，面临着文化内容需要不断创新、价值理念需要调整、话语系统需要转换、思维方式需要改变等与时俱进发展的任务。

在世界文化交流中，中国发展中人的问题始终是某些西方话语攻击的重点。20 世纪 80 年代，我们被西方一些国家所诟病的方面之一，是我们在人的问题上话语权的缺失，作为社会主义指导思想的马克思主义被指存在“人学空场”，中国被指责为严重没有人权保护的国家。西方社会大谈特谈人权，并以人权为武器在政治上攻击中国人权状况，理论和现实的困境与一段时期我们在人的理论认识问题上存在偏差有一定关系。尽管我们建立社会主义制度后，以制度方式保障了广大人民群众的经济权利、政治权利和文化权利，在实践层面上实现了人类有史以来最普遍的人权，但是，新中国成立后一直到 20 世纪 80 年代，在理论上，我们却是“谈人色变”，对于人本主义、人权等我们都视为是资产阶级的专利，给予完全否定。直到 20 世纪 90 年代，我们的思想进一步解放，开始较为客观地评价人本主义和人权问题，并采取积极应对和主动出击的方式展示中国的人权状况于国际社会，与此同时，是我们党在理论上的重大推进：2001 年江泽民在“七一”讲话中，明确提出人的自由全面发展是社会主义追求的重要目标。2003 年，中国共产党提出以人为本作为科学发展观的原则，2004 年把“国家尊重和保障人权”写进宪法，表明我国法律自觉保护人权，保护公民的平等、自由等权利。2006 年，国家把以人为本写入党的文件。这样，我们党在理论上阐述了社会主义与人的全面发展的相互促进关系，使社会主义制度在保障人权、促进人的全面发展方面的优越性得到系统的表述。更为重要的是马克思主义理论体系中原有的人文维度得到进一步重视和挖掘，尤其是以人为本思想的提出，使马克思主义的时代价值得到弘扬，我们党的理论形象得到重塑。这也使让人们有尊严地生活有了现实基础和理论根基。

中国现代化发展到一个新阶段后，尤其是中国成为世界第二大经济体后，来自西方的话语对中国人的诟病更多的是关于中国人的素质问题，往往从道德、尊严等角度，从文化角度指责和贬低中国人。中国社会主义发展正进入从站起来、富起来到强起来的新时代，中国经济发展的成就举世瞩目。富裕之后的中国人怎么办？中国的硬实力增长明显但软实力增长相对缓慢。中国人能否作为世界上高贵精神和品格的代表？这些来自世界他国的政要和学者的诘问值得我们自省。

我们党提出以人为本，为我们赢得了与西方交流的话语主动权和交流空间。在社会主义先进文化建设的发展上，我们要在全球化语境下获得文化主动权和影响力，就必须在文化上不断强大起来。我们的传统文化正面临转型和现代西方文化的强烈冲击、融汇、重构与创新的历程，通过构筑具有现代意识、科学精神和人文精神的现代社会主义先进文化，引领中国特色社会主义现代化的健康发展，是中国特色社会主义先进文化的神圣责任。以人为本的文化观念有利于推进人的独立意识的形成和增长，有利于人的尊严意识的生成。文化是“人化”，文化也“化人”，文化化人的关键是争取人心，以人为本的文化名片显然更具有感召力。因此，理论层面上我们党提出的以人为本的内涵更富有尊严内涵：即，在认识上挺立和强调人的主体地位和作用；在价值上强调尊重人、珍惜人、关心人、爱护人、解放人和发展人；在政治上保护包括经济权利、政治权利和文化权利为主要内容的人权。可见，以人为本将改善民生、提高人民的尊严和幸福指数列为党的工作目标，对保障人的权利在理论阐述上更加自觉，使社会主义制度的“为人”和“人民性”的优越性更加彰显。

由此可见，以人为本的提出和让人民有尊严地生活是当代中国社会实践与理论互动、互构的结果，从中我们既可以反观到实践对理论创新的推动，也可以领会到理论发展对实践的引领。

二、唯物史观视域下以人为本及人性尊严规定

在当前的以人为本研究中，存在着一种主要从价值论意义上来谈论以人为本的倾向，这与在人的尊严问题上，极端强调人是目的的主张有异曲同工之意。如有学者认为，“在哲学上看，以人为本不是一个存在论和认识论的命题，而是一个纯粹的价值观命题。”“我们提出以人为本是为了要回答在我们的发展中究竟什么是第一位的、根本的、首要的问题。”甚至有学者认为，“以人为本只能是一个价值观命题，如果它同时又是历史观命题，那么，马克思主义社会主义就将成为人本主义社会主义，而不再是科学社会主义。”①

还有学者认为，“以人为本指的是人们处理和解决一个问题时的态度、方式、方法，指人们抱着以人为根本的态度、方式、方法来处理问题，而所谓根本就是最后的根据和最高的出发点与最后的落脚点。”上述关于“以人为本”的理解其共同点就是侧重于价值观意义上理解以人为本问题。上述研究成果在为我们进一步研究提供了参考的同时也留有一定的研究空间。

毫无疑问，从价值观意义上研究“以人为本”和人的尊严问题在

---

① 黄楠森：《关于以人为本的若干理论问题》，《中共中央党校学报》2007 年第 2 期。

抽象意义上是成立的。但是它面临两大理论困境：一是如何把我们提出的以人为本与中国古代的民本主义和西方的人本主义相区别，如果三者没有区别，那么，我们提出的以人为本意义何在？二是如果没有历史观的分别，马克思关注无产阶级解放命运的政治立场与空想社会主义对无产阶级苦难的同情又有何区别？这些理论困境的破解，钥匙只有一把，那就是只有上升到唯物主义历史观的高度，在历史观与价值观统一的基础上才能在本质上解决问题。因为价值观是可以从属于不同的历史观的。历史观包含价值观，一定的价值观必然以一定的历史观为基础。如果以人为本的价值观缺失唯物史观的支撑，它就难以与西方的人本主义和中国古代的民本主义相区别，科学社会主义与空想社会主义也难以划界，也就无法准确理解中国共产党的革命史和社会主义制度确立的重大意义，也无法把握中国共产党提出的以人为本的真实含义。因此，有必要追问以人为本的历史观基础和价值追求。

社会历史视域中的以人为本中的“本”，首先应该是本体论意义上的“本”，即社会历史创造之基础。“本”为事物的根源和根基，人们总是以“本”释“末”，以“本”为自己的思想和行动寻找根据、标准和尺度，以实现人对自身的存在和发展的反思。价值观意义上的以人为本是指以人为目的，为出发点和归宿。本体论意义上的以人为本是价值论意义上的以人为本的根据和基础。

马克思主义历史观作为对人类社会历史的总的看法和根本观点，包括两方面的内容：一是关于人类社会历史本质和规律的根本观点，它回答人类社会历史的本来面目是什么的问题，属于本体论问题；二是关于人在社会历史中的主体地位和作用问题。

唯物史观的创立在于其对旧唯物主义的超越，更重要的是马克思掌握了“一种不同于以往把握自然领域的方法。如果没有这样一种方法，历史唯物主义就仍然不可能存在。当然，这里所说的方法是指一种基于本体论视阈的见识”①。它不是用自然说明社会而是将自然纳

① 王南湜：《历史唯物主义何以可能》，《学习与探索》2009年第5期。

入社会历史领域。

唯物史观的基本理论蕴涵是围绕两条主线渐次展开的。一是社会发展基础和动力的客观物质性和规律性。不同于以往的唯心主义历史观，它所实现的理论飞跃在于：确立了经济运动在整个社会存在和发展中的基础地位和最后决定性作用。经济、政治和思想文化构成了人类社会的基本结构，它们之间在历史发展过程中始终存在着内在的、本质的和必然的联系，即生产力与生产关系、上层建筑与经济基础之间的规律性关系。这是人类社会的一种普适性规律。二是强调作为社会主体的人民群众在历史上的地位、作用问题，强调人民群众是历史的创造者。

马克思以社会历史生成论取代了抽象的本体还原论，用实践创造论取代了理性决定论。即在唯物史观的视野中，社会历史不是与人和人的实践活动无关的抽象的外在实体，而是人的活动过程及其结果。马克思认为，“历史不过是追求着自己目的的人的活动而已。”“整个所谓世界历史不外是人通过人的劳动而诞生的过程，是自然界对人来说的生成过程”。所谓历史规律，不是什么外在于人的活动的规律，它就是“人们自己的社会行动的规律”，“人本身是他自己的物质生产的基础，也是他进行的其他各种生产的基础”，“社会本身，即处于社会关系中的人本身”。

唯物史观揭示了人民群众归根结底是历史的创造者的原理。对人民群众历史作用的肯定是物质生产在社会发展中具有决定作用的逻辑延伸，因为无论是历史还是现实，人民群众始终是社会生产的主体力量。经济、政治和思想文化的结构性关系，始终是唯物史观关注的根本问题。但马克思恩格斯根据不同历史时期社会矛盾和理论斗争的不同形势，研究和阐述的侧重点也有所不同。在唯物史观创立的初期，马克思恩格斯主要强调经济运动的决定作用。不过应当说明，马克思恩格斯历来是从物质实践出发、从社会生活的现实出发，去认识、解释精神现象和政治现象的基础和根源的。而且，唯物史观“把历来被排斥在历史视野之外的物质资料生产、劳动以及人民群众引入历史领域，从而使历史观发生了根本变革。毫无疑问，马克思主义历史观同样要研究人，但这是现实的人，是群众，是阶级，是政党，是领袖”①。同时，与空想社会主义者不同，马克思恩格斯并没有把对无产阶级命运的关注停留在对无产阶级处境的同情上，而是从历史现实出发，思考无产阶级的产生、地位和历史作用，并从社会历史与现实运动的角度探索了无产阶级解放的条件和道路，把无产阶级的解放运动同历史进程的内在规律紧紧地联系在一起。

综上所述，唯物史观在社会历史生成这一历史观的根本问题上最主要的观点是认为人民群众是历史的创造者，是历史主体，所以，在价值观上人民群众才应当是价值的享用者，是价值主体。可见，有什么样的历史观必然就有什么样的价值观，历史观包含价值观，历史观是价值观的前提和基础，价值观是历史观的现实反映和理论归宿。英雄史观在历史观上认为英雄创造历史。唯物史观认为人民群众创造历史，社会财富理应由人民群众占有和享用。正因为如此，要对“以人为本”做出正确解读和积极的价值判断，只有运用唯物史观的观点和方法深究至因果层面上，在揭示出其产生和发展的终极原因上才是可能的。正如胡锦涛指出的，相信谁、依靠谁、为了谁，是否始终站在最广大人民的立场上，是区分唯物史观和唯心史观的分水岭。只有从历史观的高度才能划清唯物史观意义上的以人为本与中国古代民本主义和西方人本主义的区别。

在人类思想历史的长河中，中外思想家曾从不同角度针对不同的问题阐述过“以人为本”或与之相近的观念和思想。中国传统文化中就存有“以民为本”的思想。在中国思想史上，民本思想较为丰富和连贯。先秦的《尚书·五子之歌》中记载了“民为邦本，本固邦宁”的民本见解。西周的《周书·无逸》中提出了“怀保小民”“保惠于庶民”以及“敬天保民”等一系列民本思想。之后，民本思想得到了进一步的丰富和发展，《管子·霸言》中提出的“夫霸王之所始

---

① 陈先达：《漫步遐思》，中国青年出版社 1997 年版，第 77 页。

也，以人为本。本理则国固，本乱则国危”的观点，孟子的仁政王道思想和“民贵君轻”思想以及荀子的“君舟民水”思想则把民本思想推向了一个新的高度。民本思想在中国历朝历代中得到了继承和发挥，使得中国传统民本思想逐渐趋于完善。近代历史上，康有为提出的“君民同体说”和谭嗣同提出的“君末民本说”以及孙中山的民生观都对中国的民本思想起到了承前启后的作用。

民本思想客观上对于缓和阶级矛盾、维护社会稳定、促进社会发展起到了积极的作用，但是以民为本中的民与官相对，在中国两千多年的封建社会中，民从来就没有地位，只是被统治和被剥削的对象。官（封建统治者）并不是真正的以民为本，并不是真正的爱民惠民，而是把民本思想作为一种统治策略，把人民作为阶级统治的工具，其真正目的是要实现对人民不间断的剥削和统治，以此来维护和巩固封建制度。由于统治阶级从本身利益出发，因而以民为本只不过是其剥削、统治、压迫百姓的巧妙手段和工具而已。正如毛泽东同志指出的：“不论是中国还是外国，古代还是现在，剥削阶级的生活都离不了老百姓。他们讲‘爱民’是为了剥削，为了从老百姓身上榨取东西，这同喂牛差不多。喂牛做什么？牛除耕田之外，还有一种用场，就是能挤奶。剥削阶级的爱民同爱牛差不多。”① 这就深刻地揭示出所谓民本思想的阶级局限性。显然这种阶级局限性使得民本思想在理论上无法彻底，在实践中无法真正实现。这种民本思想是和人剥削人的制度相联系的。这与在社会主义制度下中国共产党提出的以人为本有着本质的区别。

中国共产党的以人为本思想也区别于西方语境中的人本主义。西方人本主义在整个西方文明发展进程中占有十分重要的地位，在不同的发展阶段有其不同的侧重。西方的人本主义也称人文主义，其源头可以追溯到古希腊时期，普罗泰戈拉的“人是万物的尺度”的命题和古希腊德尔斐神庙上的名言“认识你自己”被认为是最早

① 《毛泽东文集》第三卷，人民出版社 1996 年版，第 57—58 页。

的人本观念的表述，也是人类反思自己的开始。近代西方人本主义发端于 14—16 世纪的文艺复兴时期。文艺复兴是新兴资产阶级反对封建专制制度和宗教神学统治的思想解放运动。我们现在可以从不同角度分析西方人本主义的内涵：从初期思想解放的意义上，所谓人本相对的是神本，是以一种普遍的人性对抗神性，弘扬的是人的理性、人的主体性；从资产阶级反对封建制度的意义上，人本主义是以普遍人权反对封建等级和封建特权，内容上倡导“自由、平等、博爱、人权”等思想。18 世纪末至 19 世纪初的德国古典哲学则把人本主义思想推向了高峰。康德提出要改变人被自然界必然性支配的命运，提出“人为自然立法”和“人是目的”的思想，突出强调的是人的主体地位。而到 20 世纪中后期，西方人本主义思潮的再度兴起，其内涵更多的是强调以“人本”消解资本主义日益严重的“物本”倾向。

西方人本主义讴歌人的力量、人的能动性和创造性，强调人的地位、人的尊严、人的价值和人的幸福，这些思想不仅有利于人的解放，而且为新兴资产阶级反对封建统治和宗教神学提供了强有力的思想武器，对社会的发展起到了积极的推动作用。西方人本主义作为一种理论理想，有其理论价值，但是，它面临着根本性的实践困境。首先，在阶级社会中，根本不存在普遍的人本可能性和条件，所谓人本主义不过是以资产阶级为本而已。正如恩格斯所说：“这个理性的王国不过是资产阶级的理想化的王国；永恒的正义在资产阶级的司法中得到实现；平等归结为法律面前的资产阶级的平等；被宣布为最主要的人权之一的是资产阶级的所有权。”[①] 西方马克思主义者马尔库塞揭露得更为深刻：无产阶级的存在与理性所断言的现实是矛盾的。因为，它把做出理性否定证明的整个阶级摆在了我们面前。无产阶级的命运不是人类潜在的实现，而是现实实现，如果财产构成了一个自由人的第一天赋的话，无产阶级则是不自由的，也不是一个人，因为他

① 《马克思恩格斯选集》第 3 卷，人民出版社 2012 年版，第 776 页。

不拥有任何财产。如果绝对精神、艺术、宗教和哲学的实践构成人的本质，那么，无产阶级永远与其本质相脱离，因为他的存在不允许他有任何时间去涉及这些活动。

直到今天，我们仍然可以看到，西方高喊人权口号，为了资产阶级利益不惜动用军事力量侵略别国、滥杀无辜的践踏人权的罪恶，西方人本主义的阶级局限性和虚伪性暴露无遗。人本主义者把人本思想的表达论证普遍化、抽象化，但是对大多数人而言却是虚无缥渺的空想，因为西方的人本主义是建立在资本主义社会阶级对立、私有财产制度和整个社会异化的基础上，人本主义理论与资本主义制度的根本不相容必然导致实践上的苍白无力，资本主义本性与西方的人本主义理想渐行渐远。而中国共产党提出的以人为本思想以唯物史观为理论基础，以社会主义制度作保障，不仅是理论层面的自觉，更是上升为执政党的执政理念，自觉贯彻于党和国家的各项政策方针中，实现于广大人民群众的创造性的实践活动中。

三、落实以人为本原则要处理好现实矛盾关系

抽象地讲以人为本并不难，可是面对具体的社会生活条件，如何在实践中落实以人为本就是一个值得不断探索的问题。当下在实践中推进以人为本应重点处理好几种矛盾关系。

首先，从因果关系角度正确处理贡献与享用的关系。这一矛盾的实质是如何处理好社会发展与人的发展的辩证关系问题。我们党提出以人为本的思想，归根到底就是要维护最广大人民群众的根本利益，实现人的全面发展和让人民有尊严地生活。而人是社会的人，人的发展与社会发展两者是辩证统一的。人的发展是社会发展的基础，人是社会发展的主体，人的素质越高、创新能力越强，也就是说人越发展，就越能创造出巨大的社会生产力，越能创造更多的社会财富，从而有利于推动社会发展。人的生存和发展的需要是推动社会发展的原动力。同时，人的发展又依赖社会的发展，社会是人的生存方式和生存条件。

人作为社会历史的主体，其价值在于其无限的实践创造力，就人来说，实践是人的生存方式，自然界不会自动为人服务，满足人的各种需要，人要生存发展每时每刻也离不开人改造自然的创造性活动。一方面，人在社会实践活动中创造物质财富和精神财富来满足他人和社会的需要，为社会做贡献，在实现人的社会价值的同时促进社会发展。另一方面，人在为社会做贡献的社会实践活动中使自己的本质力量得到展现，获得应有的尊严，自身的各种需要得到尊重和满足，这样，以人为本在实践上就具有了激发唤醒人的主体创造性和使人的主体创造劳动得到应有回报和满足的双重内涵。

在社会主义初级阶段，以人为本要特别强调“依靠谁”和“为了谁”的统一、“贡献”与“享用”的统一问题，拥有尊严与配享尊严的统一问题。以人为本和人的尊严的实现都不可能抛开具体历史条件抽象议论，而只能根据一定社会历史发展阶段、生产力的发展状况和具体国情去推进。毫无疑问，在实践以人为本和实现人的尊严过程中，个人得到社会的尊重和满足是以为社会做贡献为前提的。每个人既是历史的“剧作者”也是“剧中人”，人的发展依赖社会的发展，社会发展依赖人们的贡献，人的贡献大于索取，社会才能存在发展，否则社会就难以存在下去，更谈不上满足人的需要和促进人的发展。以人为本是指人人通过创造性劳动对社会做贡献，社会在此基础上更加注重对人的尊重和满足，在人的贡献与满足的统一中实现社会发展与人的发展的统一。中国共产党始终坚持人民群众是历史的创造者和人民群众是历史发展的动力的唯物史观的基本观点。毛泽东指出，人民，只有人民才是创造世界历史的动力。邓小平指出，中国革命和建设的各项重大任务都是依靠人民群众的努力实现的。党的十八大以来，习近平总书记关于“以人民为中心”的重要论断创新发展了马克思主义关于人民群众的思想，赋予了其新的时代内涵。但在现实生活中，有人认为，提倡以人为本就应该“以我为本”，就应该满足我的需要和最大利益，只强调享受和索取而不愿付出和奉献，这种对以人为本的片面理解在实践上是有害的。

其次，正确处理权利与义务的矛盾关系，这是以人为本在政治层面实施遇到的基本矛盾。权利是人们在一定社会关系中应当享有的利益以及为实现这种利益社会提供的承诺和保障。义务是人对他人、集体和国家的责任。权利包含义务。现实中，以人为本的推进主要受到极端化思维对人的影响，表现为权利意识的膨胀，而我们特别需要培育的是权利与责任的连带意识。人是社会的主体，人有义务从事社会实践活动，为社会做贡献，促进社会发展，而社会发展的目的就是维护人的各种权益，满足人的需要和利益，促进人的发展。人既是责任主体又是权利主体，人在履行义务和享有相应权利的统一中实现社会发展和人的发展的统一。我们坚持以人为本就是要强调维护每个人的各项合法权益，也强调每个人在享有权利的同时必须履行应尽的义务。履行义务是实现权利的基础，享有权利应该以履行义务为前提，没有无权利的义务，也没有无义务的权利。但在现实生活中，有人认为，提倡以人为本，就是要强调个体利益，就是要以实现每个人的利益为本，片面强调权利，而以此为借口躲避自身的责任和义务，只享受权利而不尽义务。由于社会因素、制度因素和人为因素等影响，也出现了有的人只尽义务而没有享有应得的权利。上述两种情况，都导致了权利和义务的不对等，割裂了权利和义务的统一关系，不利于人的发展和社会发展，使以人为本难以落实。

最后，正确处理目的与手段的关系，这实质是如何正确认识人的主体和客体双重属性的问题。唯物史观认为，人本身就是一种矛盾存在，人既是主体同时也是客体，人既是目的也是手段，而且，主体与客体、手段与目的相互不能分离。“每个人是手段同时又是目的，而且只有成为手段才能达到自己的目的，只有把自己当作自我目的才能成为手段。”① 可见，人是目的与手段的统一。实践内在地包含了人的目的性和工具性（手段）存在，人的任何实践活动归根到底都是以人为目的，实践主体人只有以自我为手段或自身运用技术、工具等手

① 《马克思恩格斯全集》第30卷，人民出版社1995年版，第198页。

段才能达到目的。人本身是实现国家前途和命运的根本力量。人民是创造历史的根本动力，中国最广大人民群众是建设中国特色社会主义事业的主体，是先进生产力和先进文化的创造者。在习近平总书记的讲话中，“人民”出现频率很高，他指出：“人民对美好生活的向往，就是我们的奋斗目标。”“党的根基在人民，血脉在人民，力量在人民。”“实现中华民族伟大复兴的中国梦，必须紧紧依靠人民，充分调动最广大人民的积极性、主动性和创造性。”同时，人是社会的人，人的实践活动总是在社会关系中进行的，就必然与他人产生直接或间接的关系和联系，人只有把他人当作条件和手段才能实现自身目的，同样，自身也只有成为他人实现目的的条件和手段，能够服务他人、贡献社会，其存在价值才能得到对象性证明。“作为工具的人是‘以人为本’的现实力量，作为目的的人是‘以人为本’的目标指向。人不能只是目的或只是工具。人只是目的，人就根本无法达到目的、成为目的；人只是工具，人就失去了人之为人的价值，变成了自然和社会的奴仆。”① 所以，以唯物史观的以人为本理论为根基的马克思主义尊严观必然应有以下几个特征：第一，人性尊严的存在是现实社会关系的最终极标准。只有在社会关系中通过人的品性、行为才能评判人的尊严。人的尊严是正义的基础，也是人的价值的起点。第二，人的尊严是个人与类的辩证统一。整体主义方法论认为：个人的解放以他人或类的解放为条件。所以马克思主义认为，只有在社会主义社会中才能实现个人的自由自觉。第三，人的尊严只有在社会生产活动中才能得到发展和升华。马克思承诺只有在社会生产活动中才能完善人的自觉意识，满足人的追求本性。

总之，无论是人为社会做贡献、尽义务、作为社会发展的手段，还是社会对人的尊重和满足、赋予人的权利、与人的发展，都是通过人的实践活动来实现的，这三个层面的统一，归根到底都是具体的、历史的统一于人的创造活动中。我们党提出以人为本思想和提出人的

---

① 陈曙光：《关于“以人为本”的形上之思》，《哲学研究》2009 年第 3 期。

尊严生活，顺应了中国社会的发展要求，体现了时代性。在中国特色社会主义新时代，实现以人为本和人的尊严也具备了牢固的经济基础和坚实的政治制度保障。只有在实践中坚持发展依靠人民和发展为了人民的统一，坚持人民既是发展主体又是价值主体的一致，倡导人民既是发展的责任主体又是权利主体的连带意识，协调好人作为发展手段和发展目的的平衡，才能在历史观与价值观统一的基础上，扎实推进和落实以人为本，真正让人民过上有尊严的生活。

四、以人为本和人性尊严内涵的精神维度拓展

显然，从唯物史观立场研判，人的主体存在属性表征了尊严的主体性。人之为人最根本的是人的主体性。人的主体性是人及其自由自觉的能动活动，是人作为活动的组织者和实施者，同时表现出来的基本属性。人的主体性是在能动意义上和具体的主客体的相关关系中体现出来的。人的主体性具有为我的目的性，主观应当性，实践活动的自由自觉的创造性、超越性、自主性和选择性。

人的主体性是人在社会生活中的前提和基础。一个人只有他本身具有主体存在属性，才拥有具备人的尊严的权利，否则人的尊严无从谈起。在社会生活中，人的主体性表征着尊严的主体性，它使每个人的尊严都具备着潜在的控制力，它是一种积极的肯定的力量，它从人的主观意识出发，使人们意识到自我尊严的主体性，然后依靠自己的尊严意识，最后使自己的行为具有尊严。这种尊严的主体性又使我们从人本身的主体性出发，听从发自内心的纯粹的、理性的召唤。也就是说，人的主体性是一种实践的力量，它能够使人听从自己内心最真实的想法，能够使人自由自觉地发挥自己的创造性，能够使人的尊严体现出人的主体性，能够让人真正“有尊严地生活”。所以说，人的主体存在属性表征了尊严的主体性。

同时，人的精神存在属性表征了尊严的精神需要性。人的精神存在属性是每个人生而具有的，同时是人类特有的区别于动物的最根本特征。由于社会的文明与进步，人类已经不仅仅满足于维持生存的

物质需求，人类需要进一步认识自身，于是人类的精神性存在属性和精神性需求进一步彰显。正是由于每个人都拥有丰富的精神需求，人们必然是期望得到社会对自我的承认和肯定，期望得到别人对自我的尊重，基于这种精神需求中产生了人对尊严的价值诉求也就是对尊严的精神性需求。尊严的精神属性又称为道德属性，主要指尊严具有基于人的理性精神而产生的以社会价值观念为表现形式的道德特征。由于人的精神存在属性，才能够让人的尊严可以与动物性身份相区分，从而形成人类特有的尊严，即人格尊严。

“人格尊严，是指公民作为一个人应有的最起码的社会地位，并且应受到他人最起码的尊重。”① 康德说：“无论是你自己或别人，在任何情况下，要把人当作目的，决不当工具。”这被尊称为人类尊严的原理，已然是伦理的最高原理。他还说：“一个有价值的东西能被其他东西所代替，这是等价，与此相反，超越一切价值之上，没有等价物可替代，才是尊严。”② 人是主体，人是目的，人有自我尊重和被他人尊重的精神需要，这也是一种基本人格。这句话可以表述为人格尊严不能被人降低为物、降低为工具，人格尊严是唯一的，不可替代的。人的尊严的特征包括至上性、平等性、普遍性、个体性和精神性的共同特征。

人的尊严的至上性，是指人的尊严具有高于其他一切价值之上的最高价值。人的尊严的至上性是指它是最高的尊严，它是高于其他一切精神特性之上的最高的价值。人的生命的至上性，决定了人的尊严具有至上的性质。尊严的至上性决定了尊严是无价的，这是由于具有至上性的东西没有能够与其进行等价交换的物品，其价值难以折算，它是无价的、至上的。

人作为宇宙精华的结晶，作为万物的灵长，是生物长期进化的杰作，同时也是社会的产物。人的杰出在于他不仅具备生物的特征或

① 李煌：《人格尊严的特征及其与社会进步的关系》，《贵州大学学报》（社会科学版），2002 年第 1 期，第 47 页。

② ［德］康德：《道德形而上学原理》，苗力田译，上海人民出版社 1986 年版，第 87 页。

灵性，而且还具有超越所有生物的特征——自我意识。所以，人不仅是自然存在物，更是人的自我意识的存在物。自我意识引领人类在更深层次认识自己的人生和生命意义，引领人类认识自己存在的意义。人对自己油然而生的价值感，最终转化为一种人对自己的深刻情感——人的尊严。

人的尊严的普遍性即尊严主体的普遍性。这种普遍性是通过人的尊严的客观化与最低化实现的。也就是说，因为人生而为人，是人类社会的一分子，由此每个人都具有人所具有的资格和权利，所以每个社会成员都具有社会中人的普遍尊严，每个人都应具有同等的人格尊严。

赋予人以尊严，抬高尊严的价值以至于无价，树立起人的普遍尊严，几乎是所有社会成员的共同愿望。凡是和人有关系的事物，都能够和人的尊严产生联系。由此可见，做人的前提和基础就是人的尊严，只有拥有了人的尊严才能拥有其他的人权。人的尊严存在和体现于社会生活中的各个方面，尽管由于人们的社会地位有差异、承担的社会角色不同，以及各自不同的宗教信仰、风俗习惯等，会导致人们对于人的尊严的表现形式、尊重程度、评价尺度等反映不同，但是，具有人的尊严是人们普遍的追求。

就现实存在形态看，人的尊严具有个体性。所谓人的尊严的个体性是指每个人的尊严意识和人的自尊心理的差异性，每个人都具有不同于他人的自尊心和自豪感。人的尊严可以产生于自爱和自尊，可以产生于个体对自我价值的自我肯定。也可以产生于依据地位、财富等外在的物质标准进行的自我认识和自我评价，处于一定社会地位的人，一些人可能以责任意识定位自己，较高的社会地位对他来讲更多的是压力和责任，地位并没有让他在尊严感上产生优势；而对另一些人而言，地位会使个体产生了一种不同于其他感觉的高高在上的自豪感和光荣感。可见，人的尊严属于个体的自我认识，具有个体性特征。

人是以个体方式存在的事实，使人的尊严获得具有了尊严的唯一性、个体性。我们通常说，人的尊严是庄重神圣不可侵犯的，这主要是由于每个人都具有个体性和实在性，这就使人的尊严不致被虚化、架空或悬置。每个人不仅具备人的共性（人的尊严和对人性的尊重），而且也具备每个人特有的个性（人的个体性）。在实践生活中，虽然我们的个体性截然不同，可是每个人都享有自己的尊严，于是尊严就为每个人的个体性提供了存在的可能性和发展的可行性。

人的尊严的精神性，指的是人的尊严是一种意志——精神性的存在。人的尊严根源于人的内心深处，体现人的精神状态，它常常表现为人的坚强的意志、激烈的情感，它驱动着人的心智思维，支配着人的行动。人的尊严来源很复杂，可以出于自爱和自尊；可以产生于个体对自我价值的自我肯定；也可以产生于地位、财富等外在的物质标准进行自我认识，同时具备个体精神性特征。

人的尊严的精神性对于个人发展和协调社会关系具有重要作用。一个人能否树立起人的尊严，主要取决于个人怎样评价和看待自己，而不是他人和社会怎样看待自己。因此，人的尊严的精神性显得尤为重要，积极的精神性状态能够提高人的自我认知、自我价值，从而提高人的自我肯定、自我评价能力，激发出人的自豪感和荣誉感，帮助人们树立起人的尊严。

第三节　从尊严意识到“有尊严地生活”

人的尊严问题的讨论不仅仅是思想层面的，这种讨论的宗旨是为了在现实中让人民“有尊严地生活”。人首先是现实中的个体、感性的人、实践的人，人自身的需求及生活资料的生产是历史发展的原动力。同时，一个更为重要的事实是，人类自诞生以来就依托以生产关系为核心的社会关系联系为一个整体。人自身的再生产、生活资料的生产都必须在人际合作的基础上完成，各个人为了促进生产而形成的“共同活动的方式”。马克思指出：“共同体是生活本身，是物质生活和精神生活”①。

在尊严问题的讨论中，借用马克思的话实际要表达的是，尊严问题，既是一个学术问题、思想问题，同时也是一个生命问题、生活问题。纵观古今中外，从理论到实践，一个基本共识是：尊严是一个在现实层面获得性的存在和状态。社会主义制度的建立和中国特色社会主义的巨大成就，为人民过上有尊严的生活奠定了现实基础，但这还不够，只有广大人民群众意识到自己的尊严，产生了尊严意识才有可能过上“有尊严的生活”。人民群众要想“有尊严地生活”就需要把“有尊严的生活”从理论规定，落实到人民群众的现实生活中来，使人的尊严得到实现。

一、“有尊严地生活”的规范性要求

要实现广大人民群众“有尊严地生活”，首先需要理解人的自我意识和主体性的发展。人的尊严的产生是由于人的自我意识的觉醒。随着人类社会逐渐进步和发展，人类的经济生活越来越富裕，而人类已经不满足于物质方面的充裕，转而向精神方面寻求心灵上的追求，人类的自我意识不断觉醒和增强，人类自尊的意识会越来越强烈，这种自尊是通过人的主体性鲜明地表现出来的。

首先，人的尊严获得应是人的社会性与主体性的统一。人的尊严的社会性，简单说来就是个人对社会的责任和贡献，也就是客体的人满足主体的社会和他人的需要的能力。在这一语境中，主体是他人和社会，而客体是为他人和社会做贡献的个人。“人的尊严”的社会性，是一种令人独立、尊敬、甚至令人敬畏而不敢侵犯的地位和影响力，可以概括为他人、群体和社会与个人建立某种社会关系，对个人的价值给予承认和尊重。这是一种通过人的待遇、名望、地位等所反映出来的外在客观状态，类似于个人实际享有的“威信”或“权威”。它针对个人的社会承认和社会评价，并且最终取决于社会的认

① 《马克思恩格斯全集》第3卷，人民出版社2002年版，第394页。

可程度。

人的尊严的主体性，可以从人的自我意识觉醒，主体意识自觉的角度理解。一旦人自觉到“我是主体”，确认和肯定“我”的主体地位的意识，必然产生人的自尊意识。人之为人最根本的是人的主体性，人的主体性是人作为活动的组织者和实施者表现出的自由自觉的能动活动。人的主体性是在能动意义上和具体的主客体的相关关系中体现出来的。能动意义上人的主体性有四种含义：第一，为我的目的性。作为主体的人，以自己的需要和目的作为他能动活动的起点、归宿、根据和尺度，并力图使客体按照人的目的同他发生“为我”关系。第二，主观应当性。人基于自我的需要、理想目的和尺度来追求他所认为应当的即理想的东西，并力求使客体按照人的尺度存在和发展变化，因而它在这里着眼的是非现实实在性，即理想性。第三，实践活动的自由自觉的创造性。人作为主体总想按照自己固有的尺度来认识和支配客体规律，以追求和达到自由自觉的创造性活动。第四，超越性、自主性和选择性。主体总是力图“超越”客体的制约、限制和决定，以达到独立自主进行自己活动的选择。其中，实践活动的自由自觉的创造性是人的主体性的本质规定，其他几种规定都是人的自由自觉创造性实践活动中得到表现、实现和确证的。人的主体性是人在社会生活中的前提和基础，这种主体性可以使我们从本身的自由意志出发，也就是说，人的主体性是一种实践的力量，能够让人们真正过上“有尊严地生活”。

人的主体性和人的社会性是辩证统一的。一方面，社会性是人的主体性形成和发展的基础，作为主体的人正是在现实社会中，通过多种多样的社会关系，让主体性存在逐渐转变成社会性存在，只有主体意识到自我的社会性存在时，才会意识到自我的社会身份和社会地位的变化，意识到自我的价值，确立人的尊严。另一方面，人的主体性受社会性的制约，人是社会中的一员，他在参与社会活动的过程中必然要受到社会责任、法律法规和道德伦理的约束，也只有符合社会责任、法律法规和道德伦理的原则才能构成人的尊严。因此，我们说人的社会性与主体性是统一的。

其次，人的尊严的实现是物质生活与精神生活的和谐统一。改革开放40多年来，我国的经济建设取得了令人瞩目的成就，人民的物质生活水平得到了极大的提高。与此同时，公民的民主、法制意识也在不断地增强，人民的精神生活需求在扩大、需求层次在提高，尊严意识特别是能够过上有尊严的生活已经成为内在性需求。

在社会发展的初级阶段，与人的生存紧密相关的物质生活需求呈现出迫切性和紧迫性，人的精神需求受到社会生产力和物质生活资料的制约，还没有成为人的显性需要。在现代社会中，在人的物质需求满足之后，人的精神需求成为首要需求，人的尊严意识会更加敏感和重要。人的精神生活满足程度成为衡量人们受尊重与否的前提。物质生活与精神生活是统一的。人不仅以肉体的方式存在，而且也以精神的方式存在，人不同于其他生物而又超越于其他生物的方面，在于人既有物质世界，又有心灵世界和意义世界。就人的现实存在而言，有尊严地生活不仅仅是物质生活的满足，更是精神生活的充实，有尊严地生活是人的一种高级的精神需求，人之所以能够为人，就在于其拥有对人性尊严的追求。

同时，物质生活与精神生活又是相互制约的。一方面，物质生活是精神生活的基础和前提，物质生活的满足是我们享受高品质精神生活的前提条件，高品质的精神生活为我们过上有尊严的生活指明了方向。经济基础决定上层建筑，没有物质就无法使精神发达，我们要先生存才能生活。要过上高质量的物质生活，就不能放弃对高质量的精神生活追求。随着中国特色社会主义进入新时代，人们的物质生活开始走向富足，人们对精神生活的需求度会越来越高。另一方面，精神生活对物质生活具有巨大反作用。高品质的精神生活是有尊严的生活的来源，精神生活是有尊严的生活的重要内容。人的尊严感一部分来自物质生活的享受，另一重要部分来自对高质量精神生活的追求。物质生活是精神生活的基础和前提，精神生活是物质生活的升华。虽然人类为了生存，首先要满足物质生活的需要，但在一定的物质需要得以满足后，人类更加关注精神存在，依赖物质生活的程度会减少，这时物质生活起间接作用，精神生活起直接作用。物质生活的高速发展，对人们的思想、观念、情感、认识和信仰等精神生活都产生着广泛而深刻的影响，也不可避免地产生了一些消极影响，使人们的精神生活产生了某些困惑和迷茫。因此，要真正实现人民有尊严地生活，就要在满足人民群众物质生活需要的同时，关注人的精神家园、关注人的思维方式和生活方式；关注人的情感、人的理性、人的意识；关注人的生存状态，实现人的全面自由发展；关注人的精神存在，提升人的内心生活，切实做到物质生活与精神生活的统一，这是实现人的有尊严生活的重要任务。

最后，有尊严地生活要在人是目的与人是手段的统一视域中来把握。马克思说："每个人只有作为另一个人的手段才能达到自己的目的；每个人只有作为自我目的（自为的存在）才能成为另一个人的手段（为他的存在）；每个人是手段同时又是目的，而且只有成为手段才能达到自己的目的，只有把自己当作自我目的才能成为手段。"① 马克思的这段话，一方面是说，"尊重他人"的基础和前提是"尊重自我"。有尊严的生活的首要出发点是每个人对他人的尊重，实现自己是目的的前提条件是自己首先成为手段，这要求自己主动把自己设定为手段，或者说，必须首先付出才能得到。"尊重自我"是"尊重他人"的保障。另一方面是说，人是目的与人是手段是彼此统一不可分割的。第一，人具有主体性，人本身即是目的，这是人是手段赖以产生的基础和根源。在大千世界中，人是第一重要的。人如果是被要求或被看成一种手段或工具，他仅仅是作为一种客体被对待，他就没有任何尊严。没有人的生命存在，就无法满足人对社会或其他人的需要。所以，人是目的是根本和基础。第二，人是手段有分别，而人是目的则没有区分。人的能力有大小，社会贡献有区别，但是作为人类的个体存在，他们的生命是相等的，只有我为人人，才能人人为我。

① 《马克思恩格斯全集》第30卷，人民出版社1995年版，第198页。

二、"有尊严地生活"是人性尊严的现实体现

人的尊严实现的条件中最关键的是人自由自觉的主体意识，同时需要国家和政府的政策配合，又需要法律法规的规范。因此我们说"有尊严地生活"的实现既需要人的自我意识的觉醒，具备主体性这一思想前提，又需要通过体面劳动创造价值、实现价值这一物质基础，以及实现体面地生存和发展，及需要被他人尊重的社会条件支撑。

首先，自觉到人的尊严是"有尊严地生活"的思想前提。"有尊严地生活"的思想前提是人自觉到人的尊严，也就是说首先人需要有自我意识，能够意识到自尊，然后要具有人之为人的根本，也就是具有人的主体性和高尚人格。

人的自我意识和人的主体性依赖于社会的进步和发展。社会的进步与发展，使人类更加全面地认识到了自身的价值，提供了实现自身价值的可能。物质需求只能维持我们生存的基本需求，我们需要更丰富的生活，人们需要更高层次的追求，也就是能够改善和提升生命质量的精神需求。人类越来越渴望自己被社会重视，越来越渴望自己社会地位的提高，越来越渴望自己受到社会其他成员的尊重。人们已经深切地感受到，这种精神需求的必要性，这与人们社会生活的各个方面都有关系，并且是人们参与社会生活的前提条件。人的自我意识的逐渐觉醒，人的主体性随之发展，直到人自觉到人的尊严的不可或缺性，这为实现"有尊严地生活"提供了思想前提。

在我国，唤醒和培养人的自尊意识十分必要，而且任务艰巨。我国是有两千多年封建制度历史的国家，长期形成的封建尊卑观念、等级观念，世世代代影响着人们的思想，以至于大多数人还没有自觉意识到做人的基本权利及人的尊严问题。同时在现实生活中，以权势强弱、地位高低、财富多寡等为标准，而采取差别对待他人人格侵害人的尊严的行为还比较普遍，我们还需要付出艰巨的努力，才能实现平等的人格尊严。人只有自觉到人的尊严，才能真正拥有属于自己的尊严、捍卫自己的尊严，才能真正过上"有尊严地生活"。一个人如

果要得到尊严，首先要做到尊重他人，承认他人的尊严，这样我们的社会才会产生包括正义、平等、合作、互利、共享、宽容、信任等一系列积极的社会价值，也只有在这样的社会中，才能够真正实现人的尊严。

其次，“有尊严地生活”以丰厚的物质基础支撑和保障。在人类诞生之初，生产力非常低下，人们不得不过一种与自然混沌不分、与动物为伍的原始生活，人高于动物的尊严并不突出，人的尊严意识也非常淡漠。随着生产力和社会经济的发展，人变得越来越强大，作为自然界中的强者，人的地位越来越高。人在改造自然的过程中逐渐获得了区别于自然的人的尊严。

当前我国经济发展迅速，经济水平已趋于世界强国之列，人民群众的收入显著提高，人民生活得越来越自信，越来越有尊严。但是，我国目前仍然存在着一定的贫富差距，同时人均国内生产总值的水平还低于发达国家，综合国力与西方发达国家相比仍有较大差距。要让广大人民群众过上“有尊严地生活”要始终坚持全面发展和共同富裕的道路，既需要促进我国经济高效快速的发展，努力创造出更多的物质财富，为人民有尊严地生活奠定坚实的物质基础，又需要着力提高我国的人均国内生产总值的水平，切实提高综合国力，真正做到国富民强，真正实现“有尊严地生活”。真正“有尊严地生活”是离不开强大的物质基础的，其根本目的在于民生。“有尊严地生活”首先是能够使全体人民“学有所教、劳有所得、病有所医、住有所居、老有所养”，让人民过上更富裕的生活，满足广大人民群众日益增长的物质需求和精神需要，保障人民过上有体面的、美好的物质生活和精神生活，人们能够通过体面的劳动创造价值、实现价值，因此我们说“有尊严地生活”需要体面的劳动和社会夯实物质基础。

最后，“有尊严地生活”需要社会条件的支撑。“有尊严地生活”的实现前提是经济上的富足，这并不意味着经济上的匮乏人就没有尊严。只是在人与社会关系中，要实现“有尊严地生活”必须有体制性支撑，这种支撑结构还提示我们，经济生活上富足的同时，我们还要具有精神上的自由自觉，这可以避免我们陷入精神困境和道德钳制；不仅如此，作为社会生活主体的人还应当拥有在政治和公共生活中进行公共参与、选择、判断的权利。只有在社会生活中体面地生存和发展，人们才能被他人所尊重。

“有尊严地生活”是在市场经济、民主政治和以人为本的文化环境这样一些社会存在的基础上形成的。一般而言，也只有在一个经济稳定发展、政治制度完善、文化生活健康的社会里，人的尊严才能得到更多的重视和保护；相反，在一个贫穷落后、社会混乱、政治腐败、文化贫乏的社会里，既没有人的尊严又何谈“有尊严地生活”？人的尊严不是仅仅只凭借个人智慧、能力和道德品行就能实现的个人行为，而是需要在一些社会关系和社会结构中累积实现条件，这就需要社会提供经济、政治和文化等各方面的条件支撑。

“有尊严地生活”与社会条件支撑有着十分密切的关系，二者相互促进，共同发展。一方面，社会进步是“有尊严地生活”的基础，社会条件的支撑是“有尊严地生活”得以保障和实现的前提，为体面地生存和发展提供条件。没有社会条件的支撑，人就无法生存，更无法过上“有尊严地生活”。当代中国的发展和社会条件在社会生活各方面的支撑，为人们各项社会活动提供了充足的物质条件支撑；同时又提供了政治和文化条件支撑，为社会营造出一种民主和谐的政治氛围，使广大人民群众能够重新审视、认识自身的价值。另一方面，“有尊严地生活”则是促进社会进步和发展的动力。“有尊严地生活”能使社会中的人，在不附任何功利的情况下，真正感受到自己平等的被他人尊重；“有尊严地生活”能使社会中的人真正感受到自己与他人是平等的，他便会为自己成为社会成员而自豪。可以说，社会每发展一步都伴随着人对自身尊严认识程度的加深，从根本上看这都是人的进步，而“有尊严地生活”大大促进了我国社会各方面的发展。“有尊严地生活”实现程度直接体现出社会对人的重视态度，体现出我国人民道德的进步、政治的发展，体现出我国人民各项权利的实施状况。所以说，两者是相互促进，共同发展的。

三、“有尊严地生活”实现的精神条件

“有尊严地生活”的实现受社会政治、经济发展的制约，同时“有尊严地生活”又蕴含着深刻的精神文化内涵，其实现需要精神条件的支撑。

“有尊严地生活”宗旨在于优化人的生命质量，促进人的全面发展。人的全面发展是指社会全体成员中的每个人的全面发展，是人的全面发展与社会的全面发展的统一，人的发展不仅应当是全面的，而且是自由的。其中包括了人的劳动能力的充分发展、人的才能的自主发展、人的个性的自由发展、人的社会关系的丰富发展、人类整体的全面发展等。人的全面发展就是要解放人，让人逐渐摆脱客观必然性的束缚，在认识和利用必然性的前提下更全面地享受人的自由和权利。这其中包括着生产力的发展、教育的发展和道德的发展。生产力的发展是实现人的全面发展的重要基石，同时也是保证广大人民群众“有尊严地生活”的前提条件；教育的发展是实现人的全面发展的必由之路，只有通过教育发展才能促进广大人民群众自我意识的觉醒和发展，才能帮助人们意识到尊严的重要性，帮助人们过上“有尊严地生活”；道德的发展是人的全面发展的精神支柱，只有道德的进步和发展才能称之为人的全面发展。只有通过优化人的生命质量，才能促进人的全面发展，才能使广大人民群众过上“有尊严地生活”。

“有尊严地生活”和人的全面发展是相辅相成的关系。一方面，人的全面发展是“有尊严地生活”的重要基础。人与人之间的自由发展是相互依赖、互为条件的，“有尊严地生活”既需要人自身的积极维护，又需要他人的尊重和帮助。由于人的生命具有最高价值，生命尊严又是人人平等的，因此应该受到他人和社会的尊重。所以只有实现了自尊与他尊的有机结合，才能实现人的全面发展，“有尊严地生活”才能在现实社会中得到切实的保障。另一方面，“有尊严地生活”是人的全面发展的动力。人的全面发展的基础是人的个性发展，是人的本质的体现。“有尊严地生活”是人的个性潜能实现的前提和基础，对人具有普遍的适用性。“有尊严地生活”存在于人的尊严之内，通

过人的独立与自主在现实社会中得以实现。

马克思曾设想未来社会是人的自由全面发展的社会，而中国共产党一直以来的奋斗目标就是实现人的全面发展，实现自由全面发展的社会。我们党发展社会主义的执政理念就是以人为本，实现人的自由全面发展，这同时也是建设中国特色社会主义的根本目的。同时，让人民过上“有尊严地生活”的宗旨，就在于优化人的生命质量，促进人的全面发展。

“有尊严地生活”的价值追求在于倡导和维护“人的尊严”的理念，使人本精神引领社会发展。人的尊严基于人的自由平等的人格，而“以人为本”的科学发展观是这一思想的来源。人本精神是科学发展观的核心内容：首先，从主客体关系上来看，就是依靠人，突出强调了人在历史发展过程中发挥的主体地位和作用；其次，从目的手段上来看，发展人，突出强调了人是社会发展的最终目的；最后，从价值关系上来看，也就是尊重人，以人为尺度，把人民群众的根本利益放在首位，作为所有工作的出发点和落脚点。由此可见，人本精神的实质即是依靠人、发展人、尊重人，以人为本发展的基本准则即是为了人，以人为本的出发点和落脚点即是实现好、维护好、发展好广大人民群众的根本利益，而以人为本的目的、主体、动力和关键即是提高人、解放人、塑造人。

“以人为本”的政治发展价值，就是以人的尊严价值为本。人的尊严是“以人为本”这一科学发展观的重要内容。人的尊严强调的不是客体的人、工具的人的尊严，而是目的的人、主体的人的尊严。“以人为本”这一价值理念的核心是人，它的发展也是为了人，而最后的目的也是人的发展，因而“以人为本”这一价值理念就必然要求“有尊严地生活”。“有尊严地生活”既是我们党关注民生、以人为本这一价值理念的全面体现，又是我国政府把保护好、实现好和维护好人的权利和人的尊严的重要保证。换个角度说，“有尊严地生活”既是执政党执政理念的重要体现，又是我国政府义不容辞的责任，社会应该积极致力于使国家保护每个社会成员的尊严，并保护社会成员尊严不受侵扰，不仅包括不受国家公权力的侵扰同时也包括防止国家以外因素的侵犯，并能为每个社会成员提供一些基本条件以保证社会成员有尊严的生存和发展，使每个社会成员在追求社会的公平和正义以及人类幸福的前提下能有尊严的发展每个人的潜能服务社会。

“有尊严地生活”是广大人民群众的迫切愿望，也是我国政府一直努力的方向。同时我们应该清醒地认识到目前我国的经济、政治条件有待提高，中国人的爱面子、脸面观还更多地停留于“表”，而没有深入到生命的本质的“里”，实则是人民自身的尊严意识淡漠。只有政府加快提高经济水平、完善政治制度，人民群众加强尊严观念，才能使广大人民群众切实实现“有尊严地生活”。

在这方面，既需要政策配合，又需要法律法规的规范。因此我们说“有尊严地生活”的实现既需要人的自我意识的觉醒，主体性作用这一思想前提，又需要通过体面劳动创造价值、实现价值这一物质基础，以及实现体面地生存和发展，被他人尊重的社会条件支撑。

纵观人类文明史，西方历史上经历了三次“人的发现”——古希腊人本主义萌芽、文艺复兴时期的人道主义，以及 19 世纪以后从对科学主义与理性主义的崇拜中重新发现了人。之后，以人为本、人的尊严的观念广泛流行、深入人心，成为一种不言而喻的价值理念。

我国经历了两千多年的封建社会，封建专制制度无视普通人的生命尊严。新中国成立以后，尤其是改革开放之后，整个社会文化在“人的发现”、人文关怀方面已经取得了空前的进步，但是封建思想的残余仍然影响着人们的价值观念。相当多的人缺乏自我意识，自损尊严和损害他人尊严的事件也是频发，也出现当事人意识到自己的尊严受到侵犯，不知道如何维护自己的人格尊严；同时侵犯他人人格尊严的人，由于缺乏尊严意识，并不了解自己的行为已经对他人构成侵犯。

现实生活中，不平等意识仍然存在于部分人的潜意识中，我们不得不承认，在传统社会中漠视甚至践踏人格尊严的现象是很普遍的。随着新中国的成立，多数人头脑中的不平等意识减弱了，但是对封建社会中的官本位观念、等级制度观念，在一些人的头脑中还是存在的。这在上下级关系、城乡关系、贫富关系中表现尤为突出，这种不平等意识潜移默化地影响着人们的思想。人格尊严是人与生俱来的权利，是人之为人的前提条件。人组成社会的前提条件是社会能够保障人民群众的尊严的实现，这也是我们国家各项政策的首要基本理念。

西方资本主义世界所主导的现代工业化文明进程，是以刺激人疯狂追求实利为动力的，以不断刺激消费为前提，以残酷无情的竞争为手段，来持续推进生产力的飞速发展。这种发展模式会加剧贫富分化。因此，我国要想获得真正自由而有尊严的生存，必须摆脱这种片面发展模式，坚持适度发展，既注重物质文明创造，又注重精神文明创造，并通过法律保护每一个人的正当权利，在全社会营造一种人人自尊而又互相尊重的良好氛围，鼓励人们更多地将目光由有限的物质世界转向追求无限的精神境界，加强道德修养，不断丰富个性，追求全面发展。

为了消除阻滞广大人民群众实现“有尊严地生活”的因素，保证广大人民群众“有尊严地生活”，其基本的实现途径有：在物质层面上，要求在经济分配公平的前提下，保证所有人都能够感受到做人的尊严；在政治层面上，要求在实现人民的主人翁地位的状态下，保证所有人都能够在社会中行使自己尊严的权利，畅所欲言。保证生活在这个社会中的所有人都能够感受到，生活在有尊严的国家和社会中是一件非常美好的事情。在任何一个社会里人的尊严在何种程度上实现，反映的是这个社会中人的价值和人的地位。“有尊严地生活”是实现人的尊严的基础，只有在一个经济稳定发展、政治制度完善和文化生活健康的社会中才能实现，其实现途径与人的生活各个方面紧密联系在一起。

要进一步加强并完善各项政治制度。要实现“有尊严地生活”，国家扮演着极其重要的角色。我们强调加强并完善各项政治制度，实现依法治国、依法行政，用法律手段实现“有尊严地生活”需要在两方面努力：一方面，我们可以借鉴其他国家的经验，使人的尊严成为法律的一个基本价值，从而更好地确保“有尊严地生活”的实现。另一方面，需要对与尊严密切相关的生命权、健康权、生存权等予以更多的重视和关注，从而为人的尊严提供更完善的保障，更好地实现和落实广大人民群众“有尊严地生活”。

在此基础上，国家还有促进人的尊严的实现，保护尊严不受侵犯的义务。国家的这些义务主要体现法律制度的建设以及对于广大弱势群体的关注上。改善政府的纵横向权力结构，把握好上下级政府分权和集权的度，从法律、组织、风险等方面约束和规范地方政府的行为，使政府真正从管理走向服务，建造一个自主创新的政策环境。政府应制定一系列的制度来充分保障人们的就业权、受教育权和社会保障权，提高弱势群体的经济收入。并且政府应该制定与完善相关的法律制度，以保证人民群众的人格尊严，其中最主要的就是做好社会保障体系工作和解决广大人民群众的体面劳动和体面生存问题。

积极构建现代化理性精神和人文精神的支撑，实现自尊与他尊的有机结合。“有尊严地生活”中的尊严需要包括两个方面：一方面是要求自尊，也就是我们常说的肯定自己、热爱自己、捍卫自己，自己尊重自己，自己要求自己达到一定的境界和水平，由此产生适应、胜任、信心等情感；另一方面是要求他尊，也就是要求别人尊重自己的才能从而确立自己的地位和权威，并因此产生尊严体验。要使“有尊严地生活”这种价值观念被广大人民群众接受，需要使这种观念进入文化的内核，由内而外逐渐渗透到制度层面，体现在社会的各种具体制度、体制、公共政策、法律、道德等之中；进而又在制度文化的引导和规范下，物化到器物层面、制度层面和文化层面。社会应该用文学作品、文艺的宣传形式来加强对“弱势群体”的宣传教育，让他们意识到人格尊严的重要性，意识到自尊的重要性。同时，加强对他尊的宣传，消除部分人潜意识中的不平等、蔑视“弱势群体”的人格尊严的思想。实现自尊与他尊的有机结合。

众所周知，人的尊严是在人类社会这个大的共同体中得以实现的，人的尊严需要作为个体的人之间的相互尊重即以他尊为前提，个体间的相互尊重又是以个体的自尊为基础。在我国社会中，只有积极构建现代化理性精神和人文精神的支撑，实现自尊与他尊的有机结合，才能使广大人民群众感受到他人与社会共同体的温暖，感受到自己受到尊重的庄严和崇高，才能对国家和社会共同体产生归属感和认同感。

“有尊严地生活”作为一种较高层次的意识，要想为广大群众所接受，并内化为人们的价值观，就需要通过教育积极进行宣传，通过教育唤醒人的自尊意识。这种教育不是简单的说教，而应当是遵循认知规律、符合历史发展的科学的、健全的教育。为了确保广大人民群众更好更快地实现“有尊严地生活”，我国应该加快实现教育改革。近年来，随着生活水平的提高，人们对教育的需求出现了新变化，对优质教育的渴望越来越强烈，对教育的目标认识更加深刻，正在从生存需求向发展需求转变，逐级由“阶段性教育”转向“终身教育”。只有通过逐步改善教育，使更多的人接受教育，才能使尊严观念内化为人的自我意识，进一步确保广大人民群众实现“有尊严地生活”。

第五章　自我意识的自觉：理想重塑与人格提升

理想是文化的核心内容，它表征着一个人或社会文化的基本精神和精神达到的高度。理想也是人理解和认识自我的一种方式，理想蕴含着人对其生命图景、生命意义和生命价值的理解和把握，即理想是人对自己将要成为一种什么样的人，过怎样的生活的一种设计和期待，这其中包含着人对自我的认识，从根本上是对人之为人的人格的理解。人怎样塑造自己，怎样设计自己的未来，最终与他怎样自我解释有关，并以对人格的理解为参照系。

以现代文化审视，人与自然的关系是人通过自己的活动成果与自然协调的一种关系，人与社会、人与他人的关系是通过人的文化价值观形成对待和处理人与社会、人与他人的张力关系，文化成为人处理各种关系的中介。人与文化的关系对人类生存发展的意义越来越凸显出重要性。文化"作为人的工具、手段、成果，文化的意义也主要在于显现人的本质力量，标志人的发展水平，与人是完全同一的'人的'和'文化的'"①。自尊意识能够提示人们反身关注人自身的问题，觉醒人之为人的根本。这一觉醒并不是说要忽略自然和社会，而是意味着，人应当重新反思人在一切重大关系中认知和处理关系的现代方式，即文化方式问题。理想重塑则是要把自尊意识外化为自我成就的动力，引导人不断超越自我的局限，追求人格的不断提升，促进人向

① 邴正：《当代人与文化》，吉林教育出版社 1998 年版，第 20 页。

更高的价值和更好的自我实现。人的提升、人的精神生活的提升不能自然而然地实现，只有靠文化的进步来促进。因为，“一切文化都要为人们提供一种示范性的观念体系”①。

在西方，现代化的过程也伴随着理想的式微过程，现代社会把人的生存意义的矛盾和危机更为尖锐地表现出来。科学主义的发展，物质利益原则的强化，都使理想处于衰退的境地。科学、功利、利益等成为生活中的主宰，理想、价值等都被视为作为经验无法证实或证伪的形而上学问题予以排斥。美国实用主义的盛行是一个突出例证。美国文化推崇成功和实用主义原则，宾克莱在《理想的冲突》中指出：美国人是一个关心实际的民族，他们关心一样东西或一种理论有无用处的问题胜似关心有关人生终极意义的比较理论性的问题。但是，正如宾克莱所分析的，物质的丰富使人们表面上很幸福，他们习惯于对他们自己的各种动机进行过度的反省，而往往不能在美国社会里找到任何有价值的东西。由于功利的目的使然，为了玩弄一种手段而使生活本身丧失了，这种审美的生活道路带来了很大的危险性。胡塞尔认为，欧洲科学危机使人丧失生活意义，海德格尔把现代人的生存状态称作“对存在的遗忘”，怀德海认为20世纪人文社会进入了琐烦的阶段，也就是对功利价值的烦恼。为什么会产生这种结果呢？弗罗姆曾经指出，当前西方社会，尽管在物质、理智和政治上有所进展，却日益不利于精神的健康；同时趋向于毁损个人内心安全、快乐理性与爱的能力之基础；社会倾向于将人们变为自动机械，而日增的精神疾患则为人类失败的代价；在狂热的追求工作与所谓欢快的冲刺下隐藏了绝望。西方制造了以知识论或实在论的旨趣对人的生活、理想、意义——“价值问题”的“屏蔽”。所以，19世纪和20世纪中西方许多思想家开始对生存的价值观念进行深刻的反思。而现代人本主义则将研究的重心转向了人的自由、价值和意义等价值问题的探

① 张兴国：《精神健康：一个时代性课题》，《辽宁大学学报（哲学社会科学版）》2017年第2期。

讨，即现代西方非理性主义思潮的兴起。

中国学术界对理想问题的研究，大体可以从两方面总结：一是反思过去理想研究及理想教育的价值和局限性；二是结合社会转型的新条件，研究新的历史条件下现代理想、信仰重建的诸多理论问题和实践问题。尤其是在努力实现中华民族伟大复兴中国梦的背景下，在人民物质生活水平不断提高的状态下，怎样在中华民族伟大复兴中国梦的引领下，紧紧围绕建设社会主义现代化强国、实现人民对美好幸福生活追求，把理想信念等内容的社会主义核心价值观建设与中华民族伟大复兴紧密结合；在社会文化价值观日益多元的条件下，面对一定程度存在的认同危机，如何用社会共同理想统一和聚合社会力量等问题，都需要结合时代发展作出新的探讨和回答。

第一节　理想的文化内蕴

文化的价值在于优化人的生命，而优化人的生命存在的文化意向是个价值系统，文化价值系统作为文化指令对人的生命起定向作用。文化价值系统的定向决定人的追求、信念和理想，是人的精神生活的核心内容。所以，习近平总书记把理想比作人生的“总开关”、人的“精神命脉和灵魂”“人安身立命的根本”及人经受住任何考验的“精神支柱”。他反复强调，“志不立，天下无可成之事。”精神生活作为“理想”的创造过程，是这种更高级的价值系统的总体。理想之于优化人的生命质量具有内在性，这种内在性用孙正聿的话来表达，即人是一种超越性的、理想性的、创造性的存在。理想作为对未来事物的美好想象和希望，是基于现实而又超越现实的一种关于对某事物臻于最完善境界的观念和理想之境。是人们在实践过程中形成的对未来社会和自身发展的向往与追求，是人们的世界观、人生观和价值观在奋斗目标上的集中体现，最主要的是，理想通过人格塑造在以文化人的实践中具有提升人的不可或缺的积极作用。理想“是关于个人成为真正的人、关于人在社会中的地位、关于人的物质和精神使命、关于各民族的相互关系及其成为一个由最高的精神目标统一起来的人类的理想”①。

问题是，人“为什么”需要理想？理想之于人的存在的必要性和可能性是什么？在这个意义上，必须弄清楚谁需要？即需要的主体，以及理想在什么意义上能够满足不同主体的什么需要？理想还需要证明，在满足这些主体需要时它的作用是独特的、是不可替代的。其次，回答“为什么”需要的问题，还需要在深层次上回答，在新的历史条件下，理想与其依附的主体之间的传统性关系发生了哪些新的变化？这后一个层次的问题直接关系到新时期理想的存在理由和存在形态。理想曾经存在，而存在的就是合理的；但是，在新的环境条件下，理想之于人继续存在的理由是需要“阐释”的。

一、理想何以必要

确证理想存在必要性的对象，一是社会主体，二是个体主体。我们诠释理想存在的必然性只能由社会需要、个体需要与理想对他们需要的满足来加以引申。就必要性看，无论是社会主体还是个人主体，其行为都普遍地受理想的引领，只不过有自觉和不自觉之分。人们内心深处究竟相信什么、需要什么、追求什么的立场、观点和态度，构成了理想特有的内容。我们所谈的理想，以往都是以社会理想为主，对个人理想比较忽视。这也是进入现代社会后，人们普遍拒绝理想的重要因由。在现代个体化生存的情境下，只谈社会共同理想，忽略个人理想，显然是人为地割裂了理想与人的内在关系，其症结在于，只重视了理想的社会性，遮蔽了理想的人性基础。

从社会维度看，共同理想是一定社会成员共同价值目标的集中体现。现阶段，实现中华民族伟大复兴中国梦构成社会的共同理想，

① ［法］阿尔贝特·施韦泽：《文化哲学》，陈泽环译，上海人民出版社2008年版，第47页。

为了实现这一理想，社会需要凝聚和整合，社会需要秩序，更重要的是社会需要通过高品质的发展来满足人民日益增长的对美好生活的需要。社会秩序的保障往往与以统治阶级或执政党为核心的政权的维护与稳定相联系，即社会个体对其的认同程度比较高。为了实现这一目标，政权自身的建设与作为是最重要的，然而，政权的作为与力量又是通过政权凝聚社会力量实现的，所以，政权的作为，首先需要的是把政权的理想、路线、方针、政策宣传下去，政权组织、动员社会的能力直接决定着它的作为大小。社会秩序是社会的大局，是社会的最大政治。共同理想就是代表国家意志进行宣传、动员的一环，这就是共同理想政治性和社会性的一面，共同理想为社会整合和秩序提供了独特的观念担保。对社会与个体关系的调节是理想的主要职能，理想承载的社会目标、社会价值观念体系就是对个体思想和行为的导向、规范和凝聚，增强社会向心力，防止社会因为太多的异质思想发生尖锐的冲突，避免使社会成为一盘散沙。这是理想存在的基础性维度。

理想作为文化的功能之一是以社会理想、社会价值观念体系引导社会个体实现对社会文化的认同，接受某种社会的文化形态、生活方式，承认社会组织的合法性，并归属于其中。人的成人过程包含着接受社会对其实施理想的过程。“与社会认同相联系的是社会的凝聚力量，在缺乏社会认同的情况下，社会成员往往趋向于从参与走向隐退，以远离社会生活为选择和追求；道家对礼法社会的拒斥，便表明了这一点。对社会离心趋向的克服，以承认某种社会文化价值系统、并获得相应的社会归属感为前提之一。社会凝聚的另一种形式，是对社会冲突的控制。社会的分化以及由此导致的利益差异等，往往容易引发不同形式的社会冲突，避免社会成员间的这种冲突或避免这种冲突的激化，离不开共同接受的社会规范系统，通过肯定公共或普遍的社会价值以及对权利与义务关系的规定，等等，社会的规范系统同时也对可能的社会冲突作了某种限定。”而“具有普遍内容的道德意识与道德观念，通过教育、评价、舆论等等的提倡、引导，逐渐成为一定时期社会成员的心理定势，后者也就是涂尔干所谓集体良知，它从社会心理等层面，为社会的整合提供了支持，……是某种观念担保”①。

“社会的整合关联着社会认同，从个体的维度看，社会认同除了对现有秩序合法性的确认，对共同体价值的肯定等等之外，还涉及一般意义上的道德理想、人生信念等等；个体对社会的接受和参与程度，往往受到这种观念的制约。当个人处于所谓存在的孤独状态时，他常常倾向于从社会回到自我的封闭世界；对社会的这种隔绝，并不仅仅是由于交往障碍而导致与他人分离，在更深的层面上，它亦与道德资源的缺乏相联系，这种资源包括积极的人生信念、对生命意义的正面理解、对存在价值的肯定态度等等。对没有道德理想并以否定的态度对待人生过程的人来说，消沉、绝望、无意义感等等往往成为其难以排遣的情感体验，而对他人的冷漠以及对社会的疏远乃至排拒，则是由此导致的逻辑归宿。”② 诸如“玩世”“弃世”及“顺世”等的人生态度都是缺失人生理想的极端性表现。“玩世”或把感官享乐的纵欲主义、或把逃逸现实的精神快乐作为人生唯一目的；“弃世”的典型人生态度是宗教式的，即把现实看成“恶”加以否定，认为人生就是苦难，苦难的解脱只能在“来世”和“彼岸世界”；“顺世”即追求生命的自然而然，放弃任何努力和奋斗。这些都是一种消极的文化价值和态度。可见，社会价值观念体系和社会理想是通过为个体的心灵和情感提供依归而实现的社会秩序和社会整合的。之所以强调社会维度的基础性，是因为社会是人的存在方式，个体只有依托社会才能生存。马克思指出：“每一个单个人的解放的程度是与历史完全转变为世界历史的程度一致的。至于个人在精神上的现实丰富性完全取决于他的现实关系的丰富性。”“只有这样，单个人才能摆脱种种民族局限和地域局限而同整个世界的生产（也同精神的生产）发生实际联系，才能获得利用全球的这种全面的生产（人们的创造）的能力。”③ 过去

① 杨国荣：《伦理与存在》，上海人民出版社 2002 年版，第 34—35 页。

② 杨国荣：《伦理与存在》，上海人民出版社 2002 年版，第 36 页。

③ 《马克思恩格斯选集》第 1 卷，人民出版社 2012 年版，第 169 页。

我们重视社会发展维度，或多或少忽略人的发展问题，但社会作为人的存在方式对人的不可或缺性是不会改变的，理想文化的构建仍然不能缺少社会发展这一基本的维度。“社会的整合、秩序的确立、生活世界与社会体制的合理运行等等，主要从类的层面，展示了人的存在所以可能的条件。道德作为上述各个方面的内在担保，同时也在一个维度上，使自身的存在获得了根据。”① “社会不是自然撮合物，而是一个人造结构，它有一套专横规则来调节自己的内部关系，以免文明的薄壳遭到挤压和破坏。”②

不同社会中，理想对社会凝聚、整合的价值偏向是不同的。传统社会，个人与社会缺少分化，社会理想就是个人理想。而现代社会，社会与个体相对分离，社会理想与个人理想便产生了矛盾。社会理想表示的是社会“将要怎样”，社会要求个体应当如何；个人理想则表示“我想怎样”，这确实是两种不同的维度，而且常常发生矛盾。按道理说，“社会理想以其对社会发展的价值目标的规范、引导和批判的独有本质和功能，成为社会转型中占据核心地位的重大问题。现代社会转型正是在特定的社会理想的自觉牵导下而进行的，转型的过程正是一个朝着特定的社会理想迈进的社会发展过程。”③ 但是，目前我们社会的问题是不能有效整合社会理想与个人理想的矛盾，不能有效地把社会主导价值观念传递和内化为个体价值观念。

二、理想何以可能

在现阶段，聚焦于中华民族复兴伟大事业理想，比照并现实地关注中国社会和中国人的精神理想状况，不得不正视其不匹配的差距和问题并探寻其精神解决之道。显然，理想靠传统的政治宣传或单纯的教育手段解决理想的确立问题已经不合时宜。社会对秩序的

① 杨国荣：《伦理与存在》，上海人民出版社 2002 年版，第 55 页。

② 转引自［美］丹尼尔・贝尔：《资本主义文化矛盾》，赵一凡等译，生活・读书・新知三联书店 1992 年版，第 51 页。

③ 荆学民：《社会转型与信仰重建》，山西教育出版社 1999 年版，第 200 页。

需要已经发生了质的变化，即社会不再是通过行政手段建构社会秩序，社会需要的是一个充满活力和具有发展能力基础的和谐社会，构建和谐社会是社会秩序和社会整合的根本目标。和谐社会的建构是以个体的发育成熟为前提的，其中，特别是个体主体意识的成熟。这样，社会理想、社会价值观念体系的形成就是在社会与个体利益、思想相互协调基础上形成的，而且，社会个体对社会理想和价值观念体系可以作出不同选择。因此，社会的凝聚和整合先要经过个体思想、精神的“同意”和认同，这一环节是能否实现社会秩序的关键。在这种意义上，理想对人与社会而言都是一个各种精神利益和精神诉求的整合体，它必须基于人的需要，深入人的心灵、通过人的头脑，形成对个体精神世界建构的积极参与，这是它发挥作用的唯一方式。由此，理想的文化本性应当也只能是以文化的范式确立和发挥作用。

在中国特色社会主义新时代，确立理想的社会地位发挥理想的巨大作用具有重要意义。习近平总书记指出：“一个国家，一个民族，要同心同德迈向前进，必须有共同的理想信念作支撑。我们要在全党、全社会持续深入开展建设中国特色社会主义宣传教育，高扬主旋律，唱响正气歌，不断增强道路自信、理论自信、制度自信，让理想信念的明灯永远在全国各族人民心中闪亮。”“人民有信仰，民族有希望，国家有力量。”① 而理想在对人的精神世界秩序的构建，提升人的精神，培育人文精神，构建和谐的人际关系，化解社会矛盾方面起着重要作用。

一般来讲，高度现代化的社会和最少现代化的社会是最稳定的社会，前者是在高度社会分化基础上，社会各个子系统经过了充分发展实现了一种高度的有机整合，后者是在社会缺乏分化基础上的“机械团结”，这两种社会都是最稳定的社会，而那些在现代化进程中处于中间状态的社会是最容易产生社会动荡和不稳定的。因此，

---

① 《习近平谈治国理政》第二卷，外文出版社 2017 年版，第 323—324 页。

对于现代社会，“每个社会都设法建立一个意义系统，人们通过它们来显示自己与世界的联系。这些意义规定了一套目的，它们或像神话和仪式那样，解释了共同经验的特点，或通过人的魔法或技术力量来改造自然，这些意义体现在宗教、文化和工作中。在这些领域里丧失意义就造成一种茫然困惑的局面。这种局面令人无法忍受，因而也就迫使人们尽快地去追求新的意义，以免剩下的一切都变成一种虚无主义或空虚感”①。理想作为社会价值观念体系和社会理想对于凝聚社会力量，协调和处理个人目标与社会目标、个人主观愿望与社会客观要求的过程，从而形成一定的社会向心力，作用不能低估，地位不能替代。

现代社会条件下，理想存在合理性的个体维度是特别需要关注和研究的问题。对个体而言，理想的必要性：一是促使个体的社会化，它是社会成员获得社会资本的文化渠道之一；二是推动人的个性化和社会化发展。

人为了生活必须获取社会资本，即人必须首先社会化。“社会资本是关于互动模式的共享知识、理解、规范、规则和期望，个人组成的群体利用这种模式来完成经常性的活动。”“作为社会资本的重要形式，规则体系既是自然演化的又是人们自然设计的。当个人面对社会困境时，仅有习俗是不够的。如果没有自觉设计的规则、监督机制以及对违规行为加以惩罚的方法，那么，欺骗的诱惑通常是相当难以克服的。为了用自觉的形式形成社会资本，个人必须花费时间与精力同他人一起精心制定制度——即用来分配从组织化活动中得来的收益和支付成本责任的一系列规则。”② 理想就包含这样一些社会规则，尤其是文化规则。社会主义核心价值观是国家对个体提出的思想政治品德标准，也是个体思想和行为必须遵守的规则，既是国家的大德、是公

① ［美］丹尼尔·贝尔：《资本主义文化矛盾》，赵一凡等译，生活·读书·新知三联书店1992年版，第197页。

② 埃莉诺·奥斯特罗姆：《社会资本：流行的狂热抑或基本的概念?》，《经济社会体制》2003年第2期。

德，也是个体的道德。

理想以社会规则和规范的方式传输社会资本，促使个体的社会化实现。个体的社会化往往伴随着化天性为德性的过程，是使人由自然人成为社会人进而成为社会主体的过程；它包括个人获得社会政治性；获得民族性，接受民族文化的熏陶，确认民族身份和实现民族认同；获得道德，接受道德教育，接受社会道德规范并依此行为；等等。通过这些教育，使社会个体学习并掌握其所在的社会规范，形成与社会一致的社会态度、价值观、行为模式和人格特征，获得进入社会生活的准行证。这是一个成人式的教育。

理想对社会个体的意义还体现为理想对人格的铸融作用、对人的个性化发展的推动。法国人格主义哲学家莫尼埃指出，人格是一种作为稳定和独立存在的精神实质，人格的稳定性是由人格同价值体系的结合决定的。理想是一种“做人”的教育，做人包括成为人；成为有独立意识和独立承担能力、自我负责的人和对他人及社会有用的人。一旦理想内化为个人心理意识深层结构中而带来的自主性，社会成员的内心愿望与国家、民族、社会对他的期待达成一致，社会秩序的外在需要和个体社会成员的自我约束就会形成一致。理想对于唤醒和强化人的“做人意识”的思维方式具有重要作用。从个体的角度看，没有个体的充分发育成熟，就不可能有社会的全面发展。在现代世界中，这一点尤为重要。正如美国现代化专家英格尔斯指出的，当今任何一个国家，如果它的国民不经历这样一种心理和人格上向现代化的转变，仅仅依赖外国的援助，先进技术和民主制度的引进，都不能成功地使其从一个落后国家跨入自身拥有持续发展能力的现代化国家行列。德国哲学家胡塞尔认为：“当人的信仰、意见保持不变的时候，[人格的] 自我也保持不变；而当信仰改变了的时候，[人格的] 自我也改变了。”①

激发、唤醒人的主体性是当代中国文化，尤其是理想文化的主

① 转引自荆学民:《社会转型与信仰重塑》，山西教育出版社1999年版，第139—140页。

要任务。主体者，主动、自主的意思。主体是具有独立自主性的人，是自主、自立、自为、自强和自由的人。西方的现代化过程也是一个人的主体性不断发挥、科学和理性不断发展的过程，没有人的主体性和创造性的发挥，西方的现代化是不可想象的。我国是一个农业大国，长期处于小生产者的汪洋大海之中，小生产者的人格特征是缺乏人格上的独立性，自我意识不发达，个体意识被禁锢在群体意识中；缺乏理性精神和科学精神，目光短视，封闭保守，小富即安、依附性强；等等。这种人格形态严重地窒息了人的自主、进取和创新精神，是与我国市场经济发展极不相称的，与社会主义市场经济所要求的独立人格、平等竞争、开拓进取、创新、等价交换、效率意识、利益原则等格格不入，是市场经济发展的一大障碍。社会主义市场经济客观上迫切要求从过去的依附人格变为现代要求的独立人格，唤醒、激发人的主体性和主体意识。

人一旦有了主体性、独立自主性，便自然地显现出个人的潜力、意志和魅力，表现出其独特的能力和品质。发扬独立自主性对当前改革开放事业具有重要的意义。首先，独立自主性直接影响着主体活动的积极程度及主体本质力量的实现程度。只有当活动者确认自己的主体地位，把活动看作是自己的活动时，他才可能焕发热情，增强成就意识，促进自己的能力发展，追求活动效益的最优化。其次，独立自主性是人的一种自强、自立、自为的人格精神，是发展社会主义市场经济不可缺少的精神。最后，自觉能动性是独立个性的根本特征和基本条件。自觉能动性是指主体在活动中处于积极、主动和活跃的状态，主体自觉地调动起潜藏在自身的生理、心理能量，最大限度地发挥自身的智慧和能力；主体的活动具有目的性、计划性和选择性，目的性或指向性体现了主体的需要，是主体活动的动力源泉，它支配着主体的一切活动，使主体所调动起来的生理、心理能量指向一定的目标。而对于目的与达到目的的手段、方法、措施的系统思考就形成了人的活动的计划，主体活动的目的性与计划性又决定了主体活动的选择性，选择是主体独立性的重要体现，选择什么，不选择什么，需要主体有个人的主见和独立的判断能力。一个社会、一个集体，如果无视人的独立性和自主精神，就会死气沉沉而失去活力，就会压抑创造而碌碌无为。在现阶段，理想能否在重塑人的独立个性方面有所作为和担当关系到理想生存的价值和存在的必要性。

同时，注重人的全面发展是社会主义社会的本质要求，强调发挥人的主体性的最终目的是以人的全面发展为目的，以人的全面发展为核心，以人为本。西方在现代化发展中对人的主体性的过度张扬，导致工具理性与价值理性的失衡，使人的主体性的弘扬走向了逐物的极端，这一教训是值得我们反思和借鉴的。所以，在社会主义现代化强国的建设中，理想应当始终把人的全面发展作为弘扬主体性的方向，使工具理性与价值理性保持必要的平衡。人类社会的历史是人不断发展和完善自身的历史，是人们向往、追求个性全面而自由发展的历史。社会越向前发展，社会生活越丰富多彩和多样化，就越是要求社会成员发展多样的个性和能力，要求社会成员能力的全面发展。个性和能力的发展是社会充满活力的源泉，也是人的发展和社会进步的最高目标。当然，就中国目前现实针对性而言，我们文化中的科学精神和理性精神还不发达，需要加强建设。

理想对个体的必要性还在于，人性在性质上具有两重性，可优可劣，可好可坏，理想对人性弱点也是一种制约和限制。如果人都是积极向上的，就不需要特别强化理想了，可现实并非如此。

总之，“历史地看，人的存在包含着类（社会）与个体两重向度，通过在类的层面制约社会秩序、社会整合、体制系统，以及在个体之维作用于自我的统一和境界的提升，道德从社会系统中的一个侧面，为走向具体、真实、自由的存在提供了某种前提”①。

总之，无论从社会角度，还是个体角度，理想都是不可或缺的。因此，我们对理想的研究也就应当从需不需要理想转入需要什么样的理想的问题中。

---

① 杨国荣：《存在与伦理》，上海人民出版社 2002 年版，第 11 页。

第二节　理想与人格提升

一、理想的超越性与人之特质

“理想”一词，最初来源于希腊语“ideal”，蕴意是人生的奋斗目标。在中国古代，理想谓“志”，即志向。在当下，人们说到理想一般是指人们在实践中形成的、有可能实现的、对未来社会和自身发展的向往与追求，是人们的世界观、人生观、价值观在奋斗目标上的集中体现。可以说，人的目的、目标、理想、志向是具有同一性的。概括地说，所谓理想，就是“同奋斗目标相联系的有实现可能性的想象”及“符合希望的，使人满意的”。理想是应然，是朝向未来的，是“人应当如何更好地生活”的理性把握和预设，这种预设不是纯粹的逻辑预设而是价值预设，理想象征着真、善、美。追求理想，赋予了人生以最大的意义和最高的价值，理想的追求体现了人之为人的超越性特征，是人之本性的表征。①“理想”具有其特质：“第一，它是以一定信念和信仰为基础的价值目标体系；第二，这种目标体系以关于未来的实际形象为标志；第三，它为人的思想和活动及其结果提供着自觉的典范或样板。”②理想产生于信念，理想是在一定信念基础上确立的价值目标；理想的内容指向取决于信仰，理想与价值、信念、信仰不可分离。所以，“理想是人在意识中对未来现实美好、圆满的想象，是人在对象化的生命活动中形成的最重要的本质力量。理想具有价值性、超越性、创造性、开放性、持存性等特点，具有对人生的指向性、引导性，对现实的批判性、否定性，并能提升人的精神境界等基本功能”③。为了更准确地理解理想的含义，我们需要对与理想相关的几个概念作简要的辨析。

---

① 《辞海》，上海辞书出版社 1980 年版，第 1213 页。

② 李德顺：《价值论》，中国人民大学出版社 1998 年版，第 240—241 页。

③ 张曙光：《“理想”的哲学反思》，《南昌大学学报（人文社科版）》1999 年第 3 期。

首先，理想与目标的关系。理想都内含有一定的目标，目标是理想的清晰化和具体化，理想与目标具有同一关系。目标是指一定的行为主体根据自身的需要，借助意识、观念的中介作用，在观念中预演的行动过程和行为结果。在形式上，人的实践以目标为根据，目标是引起实践的契机，常先于实践而存在。可见，目标与理想的性质是相似的。目标在现实的生活中可以是针对某一具体方面、具体事件，确定的所要达到的具体目的，如学习目标、工作目标、职业目标、生活目标等。这些目标都可以在其范围内被称之为理想。作为理想的目标使我们产生积极情绪，充分调动我们的主观能动性，它使我们看清使命，为了达到既定的目的而努力；目标有助于我们安排轻重缓急，合理有序地规划和实施；目标引导我们挖掘潜能，使个人的能力得到最大的发挥，并使我们有能力把握现在，利用现在，塑造未来；等等。

其次，理想与乌托邦的关系。在现实生活中，虚无主义者认为，理想就是乌托邦，是一种尽善尽美的空想。实际上，理想与乌托邦是有本质区别的。

“乌托邦”一词似乎早已为人们所“熟知”，并一直被人们广泛应用，但正如黑格尔所言“熟知并非真知”。“乌托邦”一词原出自英国托马斯·莫尔于1516年所著的一部书，书中描写了一个子虚乌有的岛国，名叫乌托邦。从那以后，乌托邦成为一个通用的词语，用来称呼想象出的理想世界，这些理想的社会都比真实世界美好。“乌托邦”一词本身就是利用希腊文字“美好”和“乌有”创造的。在使用中，乌托邦有多重含义。第一，乌托邦意指一个“美好的”但并“不存在”的地方，与空想相联系。在日常用语中，人们往往对乌托邦带有不屑的态度，是因为乌托邦与异想天开、渺茫、无稽之谈基本是一个意思。第二，乌托邦与空想社会主义是同义语。在西方的意识形态中，“乌托邦”一词的来源与马克思和恩格斯对空想社会主义所做的批判有很大关系。在空想社会主义者所构想的社会中，一切都是美好的，人人平等，没有压迫，就像世外桃源，是人类思想意识中最美好的社会，是尽善尽美的理想世界。马克思恩格斯认为这种空想社会主义即乌托邦。第三，乌托邦来源于对现实资本主义社会的深刻认识和批判。在马尔库塞那里，“乌托邦”就是革命、行动、审美生活和美好社会主义制度的生成，乌托邦常常是社会进步的先声；在恩斯特·布洛赫那里则不仅指人对现存世界的反对，乌托邦的精神还是人之为人的根本。随着人类社会的发展，每一种理论总是不断地被纠正并变得更加具体。曼海姆认为，乌托邦带有希望的信息，乌托邦表明有可能实现变革。“我们称之为乌托邦的，只能是那样一些超越现实的取向：当它们转化为行动时，倾向于局部或全部地打破当时占优势的事物的秩序。”① 尽管乌托邦的含义非常丰富，但是，习惯上人们往往把乌托邦与空想联系起来使用。总之，对“乌托邦”的解读，语境不同，含义也不相同，随着时代的变迁其含义也不断加以更新，我们对乌托邦理论的理解应该将其与其所处的具体历史环境和语境相结合。在本书中，我们所理解的乌托邦取其空想之意。

明确了什么是乌托邦，我们不难辨析，理想与乌托邦的根本不同在于：理想是通过人的努力可以实现的，而乌托邦尽管对人类具有精神价值，但它仅仅是空想而已。乌托邦永远只能存在于人类的意识和文字中，理想“所包含的预测和设想，虽然还未经过实践的最终确证，但它是基于实践，遵循历史发展规律，依据对过去、现在和未来的逻辑关系的把握而作出的推论，从而使它具有指导未来实践的品格，以及转化为现实的可能性”②。乌托邦必然要有绝对完美的性质，而理想却不必，理想尽管美好，但是，理想不是尽善尽美，理想是以现实为基础的，是对现实的超越。如现代化是许多不发达国家和民族的理想，但它并不等于人间天堂，追求这一理想的人也不一定将它视为问题的最终解决。理想不一定是对现实的全盘批判与否定，而乌托邦却总是作为现实的对立面出现。由此可见，理想与乌托邦之间有重要的区别。但同时它们也有一共同的本原，这就是人类希望与梦想的

① ［德］曼海姆：《意识形态与乌托邦》，黎鸣、李书崇译，商务印书馆2000年版，第196页。

② 蒋冰海：《精神文明引论》，上海人民出版社1993年版，第213页。

本能，理想是它的一般表现，追求完美，而不是达到完美，而乌托邦是它的最高形式，追求终极完美。这些本能，能够使人类克服其自身的自然惰性和对现存事物的消极默认，为人类和社会走向新境界提供新的动力，使人类一步步实现自我解放和自我发展。

最后，理想与现实的关系。如果在相对的意义上，现实就是客观的存在，现实是客观存在着的东西，具有直接现实性。理想就是非存在，是思想和欲望的对象，是一种观念性的东西。在哲学的意义上，古希腊的亚里士多德对现实的理解更为深刻。亚里士多德用两个希腊词来表述现实：一是指“正在运动”，二是指“完成了的目的”或“完全实现”①。亚里士多德一般把现实与潜能相对。这都从不同层面把现实与理想区别开来。同时，现实与理想又是相互联系的。一定意义上，理想只能是现实的某种反映。理想既超越于现实又建立在现实的基础之上，理想价值目标期待是人类生活的基本导向。正是人们对现实的不满意，才使理想具有重要的价值意义。然而，不管现实多么不如意，现实终究是人们追求理想价值目标的根据和条件，是理想的客观基础和生长点。脱离现实的理想不是理想，而是乌托邦。所以，人的理想基于现实，又超越现实而指向理想价值目标期待，使人类生活在现实与理想两者相互作用中实现发展进步。理想与现实又是相互转化的。

现实与理想是人类世界生存面临的矛盾之一。人首先是现实的生命存在，是生存于一种既定的社会环境中的存在，在这个层次上，人显然从价值取向的意义上追求一种“实实在在”的生活；同时，人又是一种理想性的存在，因为人的本性在于他是一种超越性存在。人总是不满足于现状，追求更好的生活，理想就是人对更好生活“应该怎样”的模型构想，理想高于现实，比现实更美好，因而理想对人类才有价值和意义。人的生活就是在现实与理想的矛盾中和矛盾的张力中不断提升和趋向于更加美好的。正如马克思所说的，环境改变人，

① 《哲学大词典》（下），上海辞书出版社 1991 年版，第 1633 页。

人也改变环境；人们创造历史要改变现状，追求更好的生活，就需要理想的牵引。理想使生活充满了挑战性、建设性和创造性，它是生活的希望之光。正确认识现实与理想的关系，对于理解生活本质，实现美好生活和人生，意义重大。

理想生活的基础在于现实，现实生活需要理想。但是，理想与现实是有距离的，是对立统一的关系，如何处理好两者的关系并不容易。要引导人们树立理想，但不能搞脱离现实的极端理想主义。理想包括丰富的人性内涵。

首先，理想是人的生存和发展的价值取向。理想与价值不可分，理想是人们追求的最高价值目标。价值现象伴随人类社会而发生，依托于人类文化的发展而不断得到确认和发展。从价值的视角看，人类所追求的一切，都是为了发现价值、实现价值和创造价值。哲学意义的价值，本质上是客体主体化，是客体对主体的效应，主要是对主体发展、完善的效应。真正的价值，在于使人类社会发展、完善。① 价值是主体与客体之间的一种特定关系。当人们说某个事物有价值的时候，总是在对人有好处、有意义的层面上使用，说明价值与主体的目的、意愿、需要、理想相关，某个事物必须具有满足主体特定目的或需要的属性，才能成为价值关系中的理想客体。在这个意义上，理想问题实际是主体对未来的价值取向和价值追求问题。“社会理想的实质内容是价值模型，它所体现的是一种超前的价值观，一种基于现实但超越现实的价值观。”② 价值源于人的生活世界，它表达的是一定客体对于社会主体人的生存、发展、活动及其理想结果的意义。

价值原则是人的活动的目的性的原则，在人类社会活动中，价值现象和价值活动是始终存在的，人们的活动总是受到一定价值观的影响。人们把一切有价值的东西当作理想目标来追求，形成一定的价

① 参见王玉墚：《价值哲学新探》，陕西人民教育出版社 2000 年版，第 157 页。

② 陶德麟：《当代哲学前沿问题专题研究》，武汉大学出版社 1999 年版，第 426 页。

值观，价值观又通过人们的爱好、兴趣和欲求显示其动机性力量，由此引起人们行动的积极性和主动性，推动实现理想境界的实践活动的持续发展。理想境界的实现，是人们价值取向的达成。

其次，理想是奠定在对于规律把握的基础上的真理性认识。因为理想建立在真理性原则基础上，所以，理想的价值判断和选择才能够建立在科学的基础上，它才能与乌托邦区别开。真理是人对客观事物及其规律的正确反映，即主体的实践和认识同客体的本质和规律相符合或相接近。真理原则是一种侧重于客体性的原则，真理虽然属于思想意识的主观范畴，但真理的内容是客观的。真理内容的客观性首先来自认识对象（客体）的客观性。人的认识只有在不附加任何外来的、主观随意的和想象的成分，如实地反映客观对象的真实面貌和规律时，才能经得起实践的检验而成为真理，否则就会成为谬误。真理内容的客观性还在于主客体关系的客观性，即实践的客观性，人只有通过实践才能接近真理、发现真理，检验和证明认识的真理性。真理原则是人的活动中的条件性原则，探求真理是认识活动的根本任务，遵循真理是实践成功的根本保证。真理原则是社会历史活动中的同一性原则。

真理中所包含的知识、经验逻辑等理智的成分，即为主体所确信和把握的关于客观世界的知识，是理想得以形成和确立的基础和前提，它决定着理想是否科学、正确、可信，是否能够实现。理想正是在现实的基础上，通过不断的实践，在正确认识历史，了解客观实际，把握客观规律的基础上形成的具有真理性的意识。

近代以来，许多思想家已经意识到了事实和价值之间的矛盾，并为事实判断和价值判断之间的断裂而苦恼，这在休谟那里表现得尤其明显。在休谟的启发下，康德通过对理论理性的考察，把现象世界同物自体世界绝对对立起来，并将价值问题归于实践理性的领域，提出了“实践理性高于理论理性”的观点。但是，由于康德是立足于近代理性主义哲学思维方式，主体和客体、事实和价值、实然和应然依然处于僵硬对立的状态，无法解决它们之间的统一问题。理想追求的是“合目的性”与“合规律性”的统一，具体化到特定时代条件下的人们对于理想的构建，则表现为“必要性”与“可行性”的统一。人们的活动总是有自觉的目的和意图的，但是，引导人们活动的目的和意图却是由人们的社会存在决定的。人们的活动是处于被意识到的需要，因而活动的动机是主观的，但这种动机又来自于人们的实际生活过程，与人们所处的经济地位和物质生活条件密切相关。这些社会历史条件不仅规定着自觉活动的具体方向和努力程度，也制约着人们的目的实现的可能性、实现的程度，即只有把合规律与合目的的统一起来，才能在观念和现实中建构科学的美好理想。

最后，理想是对现实和人自身的超越性精神旨趣。理想，在实践中产生，在实践中发展，理想的实现也必须以实践为基础。实践是人能动地改造客观世界的物质活动，实践的过程既是将自然的世界改造成为人的世界的过程，也是对现存事物的改造、批判、超越的过程。理想作为一种观念形态，它的发生和形成是具有主体意识的人的那种要求超越现实、超越自身的心理素质和理性自觉相结合的产物。然而，理想毕竟是人们关于对未来的规划和设想，是对人自身和人生存的现实状态的批判和超越。理想总是以现实的否定或对立的面目出现，是人们所期许的而现实上并未达到的未来状态。因此，人就会以其理想状态的人去要求自己的思想和行为，以其理想的生存状态去改造，甚至否定现存的生存状态，意在追求更好的生活和更好的自己。理想的超越性不是精神上的一种自我追求，而是基于人类普遍对美好生活和高品质生命质量的追求，具有深刻而广泛的人类性基础。“我们对自己的不满根源于一种欲望，‘想要一种更高尚的东西……一个现在还隐藏着的更高的自我’”①。理想的超越性是理想的本质性特征所在，因为美好它为社会和人生的长远发展以及人的现实生活提供真正有力的价值支撑，提供一种文化特有的“精神纯化能力”，持续地

① ［英］弗雷德·英格利斯：《文化》，林启群等译，南京大学出版社 2008 年版，第 160—161 页。

引领人们超越世俗的羁绊，实现从“是其所是”到“应其所是”的追求，从而也实现了向人的崇高性趋近。也正是文化特有的“精神纯化能力”引导人们向更为高尚和纯粹性的方向发展，摆脱有限和被动，走向自由，实现文化的核心目标。所以，我们有理由说，理想高于现实，是现实的参照系或一面镜子，在理想中可以映现出现实的缺陷和不足，因而它本身就是对现实的批判和超越。正是理想的这种超越性引导，通过实践理性的建构功能来引领人的生命希望，以高尚的精神追求重塑人的生命内涵，提升人的精神格位，进而实现以文化人之目标。可以说，文化的理想性既有实现的可能性，将理想的价值意图实践化，改造生活，是理想追求的现实驱动力量和普遍的人性诉求，同时，理想也具有形而上的无限性，追求对自然、社会甚至是人自身的局限性的超越，争取解放和自由则是理想更为深沉的意蕴，高尚人格之养成是一个无止境的过程。

现实的理想化，体现的是人所特有的目的活动，只有人才能自觉地预先设定活动的目的，也正是人设定了活动的目的，并使自身的活动服从这个目的，在活动的结果中努力实现这个目的。人生也是自然，而从自然中生成的人类，却要在生命的活动中，认识人生和改造人生，把人生变成“有意义”的生活。为了使生活具有意义，人们在对人生的认识和改造中去寻找意义、去追求价值、去争取自由，把人类的生存变成人类所向往和追求的生活，把人类的社会变成人类所憧憬的理想性的现实。

理想是关于未来世界的观念建构，具有创造性和期待性。理想是人给自己构成的关于未来世界的图画，并努力着、期待着这幅关于未来世界的图画能够成为现实。理想中的未来世界不是自然的产物，也没有现实的摹本，它需要人们发挥自己的想象力去自由的建构。理想所覆盖的是过去、现在、未来交叉的领域：是过去的现实及其在意识中的再现和改造；是当前的现实及其在意识中的加工和抽象；是未来的现实及其在意识中的超前反映。

列宁曾指出：“世界不会满足人，人决心以自己的行动来改变世界。”① 人的实践要求或目的，是非现实的观念性的存在，即作为实践活动的动力与指向的理想性的存在。人的实践活动是真正的创造性活动，人在自己的实践活动中，既创造了理想的世界，把世界变成了自己所希望的存在；又创造了理想的自我，把自己变成自己所希望的存在，并在这双重的创造中，使人类获得更大的自由。同时，人创造价值的活动随着人自身的需要的发展而发展，人的期待也随着需要的发展而强烈，人的需要永远不能满足，人为满足自身需要而进行的价值创造也永远不能停止。

理想还具有稳定性、持久性的特征。理想实质是一定历史条件下实践着的社会的人的自觉意识，科学、崇高的理想是人类永恒的追求。这也就意味着，理想是人们在现实基础上对美好未来的预见、憧憬和追求，它本身体现着一种理性的选择，这种选择具有能动性，同时又从社会存在、社会关系、社会规律中寻找支撑点。因此，理想同真理一样，在实践的检验中不断发展，在理性的思索和选择中不断完善，所以，理想本身就具有科学而崇高的性质。而那些落后且庸俗的设想，是不能称之为“理想”的，只是某些人的空想或幻想，是经不起时间的检验的。理想一旦产生就具有一定的稳定性、持久性。这是因为理想源于人的生存和发展的合目的性，体现着人生的基本价值取向。理想一旦形成，就会在一个阶段直至终生成为人的生活向导和精神动力，人是一种理想性存在，理想塑造和提升人格。

二、理想的构成要素

理想是一个由多层次、多形态组成的非常复杂的有机结构。从不同的角度认识理想，理想的结构也不尽相同。按主体划分，理想可分为个人理想、群体理想、社会理想和人类理想。按理想的奋斗时间长短划分，理想可分为长远的理想，近期的具体的理想。按理想的性质划分，理想可分为科学理想和非科学理想、崇高理想和庸俗理想。

① 《列宁全集》第 55 卷，人民出版社 2017 年版，第 183 页。

科学的、崇高的理想可以调动个人和社会所有潜在的积极因素，使个人完善、提高，使社会和谐、进步；非科学的、庸俗的理想只能把人类和社会带入痛苦和苦难的深渊，使个人消极、颓废，使社会落后、倒退，甚至导致严重的混乱。按理想的内容划分，理想又可分为社会理想、道德理想、职业理想、生活理想等。

首先，从理想的主体角度区分：个体理想、群体理想、社会理想和人类理想。个人理想是一个人对未来的具有客观必然性的认识，是人的做人的目标，是对作一个什么样的人的追求和向往。如在政治上、道德上、职业上的追求，以及对物质生活和精神生活的需求。一定意义上，可以说“人从本质上是一种理想性的存在”，人的理想的本质深深萌发于生活实践活动和生活条件。因此，个人是构成社会的细胞，个人理想虽然有它相对的独立性，但个人理想不能完全脱离社会理想而存在，“人是一种社会性的存在”，个人总是处于一定的社会关系中，个人的一切活动必然要以社会为前提，正确的个人理想不仅反映个人对自身需求的追求，同时也体现着个人对社会的责任。人的本质在不同的历史时代具有不同的特点，不同时代的人，具有不同的历史命运，因而具有不同的生活原则和理想。那么，个人就是理想直接存在的载体，诸如群体理想、社会理想等都是在个体理想基础上的深化和发展。同时个人所处的历史环境、物质条件、精神文化状况又限定和规范着个人理想的构建。

就单个人而言，其最初的理想仅限于对个人学习、工作、生活等近期的目标追求，可能幼稚而平庸，随着个人的成长，特别是其所生活的内、外部环境以及所接受的教育经历的增长，其个人理想也会随之成长。如果建立起远大而崇高的理想，该理想必然会决定个人的行动、价值取向和其成为什么样的人。马克思恩格斯等伟大人物的历史地位和历史贡献都表明：个人理想对人的一生的发展是至关重要的。

群体理想是一定群体的人们的共同理想，如家庭理想、政党理想、团体理想等。社会群体是人们在具体生活和实际条件下结成的共同体，它不是简单的人群集合，而是在广泛的社会活动范围内的社会现实组织，它具体地历史地发展着，具有各自的思想倾向和风格。在每个群体中，其成员都以自己群体的传统的、惯有的思维模式去构建自己群体的理想。社会群体的意义，在于它本身是某种活动的主体，并且通过活动而参加整个社会关系体系。群体有正式群体和非正式群体之分，作为理想的主体，在社会活动中发挥着特定的功能。首先，群体具有一种巨大的约束力，以规范的形式对其成员起着控制和目标导向的作用；其次，群体成员同时可以担负多重角色，有效地维持群体的存在和活力；最后，群体成员在群体规范的约束下，通过角色强化，将自身的创造精神灌注到实现群体理想的努力中，形成自己的行为模式。

社会理想是人们对自身与社会关系发展，未来美好前景的展望与构想。“社会理想作为人类特有的一种观念，是人类对未来美好的生存环境以思维抽象进行设计和构想的概念形态。社会理想的最大特点之一在于其社会性影响极为广泛，因为它是人类对未来生存环境和活动条件进行整体性的综合思维的结果，而不是对某一方面的思考，它具有使人们感到可能性的成分。”① 社会理想包括社会生活的各个方面，如对社会的运行状态即对未来社会的政治制度、经济制度、科学文化制度、社会面貌等的预见和设想。建设中国特色社会主义、实现中华民族伟大复兴中国梦就是全中国人民的共同社会理想。它反映人与社会、人与自然、人与人的关系。合理地构建社会理想必须以正确认识和把握社会现实为前提，人对社会理想的探索也必须要随着人的社会历史活动的持续、发展而不断地进行深化。

社会理想是以对社会现实的不满足和否定性评价为前提，包含着对发展中的未来需要与能力的积极预测，从真理性与价值性、客观规定性与主观创造性的结合上，形成以解释社会生活，指导和规范人们实际活动为主要内涵的未来社会的理想模型和实现它的最佳途径。它集中地体现了人类所独有的对理想世界的超前建构、主动创造和

---

① 陶德麟：《当代哲学前沿问题专题研究》，武汉大学出版社1999年版，第424—425页。

锐意追求。其实质是在尊重规律、尊重真理的基础上，高扬人的主体性，建构合理的社会理想。

人类理想是整个人类对人类生活以及整个世界的预见和向往，是人类共同的目标和追求。人类追求理想生活的可能性源于人类的意识具有一种构建指向未来的观念的能力，这也是人的自觉生活区别于动物本能活动的一个内在标志。对于人类的存在与发展来说，美好的理想和坚定的信念则比人类已经获得的全部成果更重要，因为只有理想才能引导人类为使自己崇高起来而斗争。

随着科技的发展和应用，如今的地球已被称之为地球村，世界各国间的往来越来越密切，彼此间的影响越来越大，尤其经济的发展，使国与国之间的依赖性增强，从而也带动了政治和文化的往来。面对全球环境污染加大，自然环境恶化的危机，以及局部战争频发和核试验的加剧，都严重地威胁着人类的生存和生命。对世界永久和平的渴望、全球环境的改善、人的自由而全面的发展、世界大同等美好事物是全人类的共同理想，要实现人类共同的理想就需要国与国之间加强对话、协商、援助、支持、克制、奉献，需要全世界人们的共同努力，甚至是几代人、几十代人的努力。

其次，从理想的品质上划分：理想可划分为实践品格之理想、终极关怀之理想。实践品格之理想就是对现实的关切，是关于现实的理想，是具体的生活目标，具有合目的性。“理想一旦在现实中产生出来，而又作为现实的革命性因素发挥作用，它就转化为‘实践观念’，具有了实践性品格。”① 理想产生于人的实践需要，是人的实践蓝图，理想也是人们改造世界的根据和力量。

人的理想是立足于现实，以现实为基础的，否则理想就变成了幻想。现实就是实在，即事实上已经存在的事物或状况，是现在式的，而理想是属于未来式的，理想是对现实的正确认识和超越。在理想与现实之间，实践是它们的中介和桥梁，理想只有通

① 张曙光：《“理想”的哲学反思》，《南昌大学学报（人文社科版）》1999 年第 3 期。

过实践才能实现自身科学而崇高的性质，才能使自身的实现成为可能。

终极关怀之理想就是作为人的精神的皈依，作为人类精神生活支柱的理想。“人之产生并需要理想，不仅是为了指导实践，变革现实，也是为了寄寓自己的精神和终极关怀，这样的理想实际上已成为人的信仰。关于理想之转化为信仰并发挥信仰的功能，卡西尔曾指出：当人还整个地沉浸在他的实践活动中时，‘理想’就已作为未来的映象出现了，但随着人所注视的未来伸展到愈来愈宽广的区域，人的计划固然更有意识更为细致了，而人关于未来的理想也更为高远了。理想‘与其说是一种单纯的期望，不如说已变成了人类生活的一个绝对命令。并且这个绝对命令远远超出了人的直接实践需要的范围——在它的最高形式中它超出了人的经验生活的范围。这是人的符号化的未来’。这种作为人的无限未来的理想，不仅与当下的现实相对立，而且与人的整个现实世界相对立，因而是在经验中永远不可企及的超验的领域。”① 理想是一种精神信仰，它也是一种精神支柱。人生价值的实现是建立在信仰支柱的基础之上的，信仰支柱体现着人生价值的可靠落实，包含着信仰者对未来美好理想的追求，其最根本的意义就是能够赋予短暂人生以永恒的意义。

人类需要信仰是基于人的本性。恩格斯说：“即使是最疯狂的迷信，其实也包含有人类本质的永恒规定性。”② 人是一种有精神生活的动物，人不能、也决不会同其他动物一样，只知道追求自己的物质欲望。人在社会中生活，既需要一定的物质条件来满足生存的需要，更需要有一定的理想和信念的支持来满足自己的精神生活。信仰是人类精神的需要和创造，反过来，信仰又为精神能力的发挥与成长提供了广阔的舞台和充分适宜的条件。人在生活中总是有所追求、有奋斗目标的，即有理想的，理想就贯穿于人的精神生活之中，是精神生活的

① 张曙光：《“理想”的哲学反思》，《南昌大学学报（人文社科版）》1999 年第 3 期。

② 《马克思恩格斯全集》第 3 卷，人民出版社 2002 年版，第 520 页。

支柱，有了这样的精神支柱，我们的生活才有正确的目标和前进的动力，我们的精神生活才有意义。

最后，理想的内在结构包括三个基本要素：目标设定、实现过程、实现道路。在理想的结构中，目标设定首先体现着主体的需要。目标设定是指人类在社会生产生活实践过程中，总是在自觉地为自身的生产、生活设定某个具体的目标，并在实践过程中不断地修订和发展目标，通过目标的不断设定、修订和发展，便形成了个人的人生理想，且个人理想与整个社会理想相联系，社会理想与全人类的共同理想相联系，目标便成了理想的最初构成形式，随着目标设定的科学而远大，达到目标的要求也就是对理想的追求。

理想的设定需要对客观状况的认识和把握。理想的实现需要过程，理想的实现首先要建立在遵循人类历史的发展规律的基础上，也是螺旋式上升、波浪式前进的过程。尽管可能偶尔的停滞不前，甚至倒退，但是，在总结了经验和教训以后，人类历史的车轮总的趋势是前进的，人类的脚步也总是在朝着理想的实现迈进。

理想的实现需要条件和手段，实践是使理想变为现实的中介，同时，理想的实现还需要一定的物质条件。理想在实现之前，还只是一种观念形态，只有当它转化为实践时，才能通过对客体世界的变革作用，实现主体的目的。但是，即使是具备了一定的物质条件，科学而伟大的理想在实现的道路上必然充满坎坷，就像正义而神圣的事业布满荆棘，需要不断的斗争甚至做出牺牲。然而正是这磨难，使理想得以不断丰富和完善，也彰显了理想的可贵。如在新中国成立之初，内有反动分子的破坏，外有敌对势力的威胁，而当时新中国刚刚经历了战争的磨难，恢复生产是当务之急，在经济、工业和军事上发展的艰难是可想而知的，然而，中国人民在共产主义理想的感召下，团结一心，新中国的建设取得了显著的成绩。在和平发展时期，仍有破坏分子的干扰和敌对势力的恶意干涉，但中国人民建设社会主义的共同理想和决心是不会动摇的，社会主义现代化的实现，人民的幸福安康是我们坚定不移的追求。

第三节　以理想引领人格提升

理想的作用是多方面的，把握理想的作用大体可以从个体发展维度和社会发展维度进行分析。对于个人，理想是精神生活的支柱，是引向一定目标的内在驱动力，是把主体人格导向充实、鲜明、独立的塑造力；对于社会，共同目标把人们凝聚在一起，集体力量本质上是超越个人力量的，有利于目标的实现，实际上，个人理想通过集体力量才能得以实现。对于整个民族来说，理想是使民族繁衍生息，兴旺昌盛的火炬，使一代代人为了本民族的理想前赴后继。既然人从本质上讲是一种拥有理想并为实现理想而孜孜实践的存在物，那么，在任何时代，人类都是伴随着理想而成长的。理想是人的精神支柱和精神动力，它激励着每一个人为了一定的社会理想和生活目标而不断努力追求。正确的、科学的、崇高的、进步的理想和信念，能推动历史的发展和社会的进步，能净化和纯洁人的灵魂，能改善和协调人与人之间的关系，能使人向着更加全面而自由的方向发展。理想的作用源于理想生成的社会生活基础，人的社会生活和人性的本质需要理想，理想的作用就在于它对人类社会生活和人性需求的满足和改善功能上。

一、理想是人的实践要求和目的

理想作为人类特有的精神现象，其存在既有深厚的社会生活基础也有其人性的根据，它从根本上关乎人和人类的社会生活。人的实践性生存方式是理想形成的现实基础。从生存论的角度，人类为了自身的生存和发展，就必须进行生产。以生产实践为基础的多种人类实践活动构成人类社会的基本结构。实践是人的存在方式，人是以实践为本质的存在，人是在实践活动首先是生产实践活动中创造了人类社会，又是在实践中发现现实与人的愿望的矛盾，通过有目的的实践使人类社会得到完善和发展。人类的产生、生存和活动，是以实践为基本方式和标志的，没有以物质生产活动为基础的社会实践，也就没有人和人类社会的产生和存在，实践既是人从动物分化出来形成人的基础，也是社会从自然分化出来形成社会的基础。

实践的自主性和创造性使理想在实践中产生，在实践中发展，在实践中实现，没有实践的理想，就像空中楼阁，只能是虚幻的空想。人把理想变成现实的实践活动，是以“人给自己构成世界的客观图画”，并“决心以自己的行动来改变世界”为前提的。实践是能动的、社会历史的活动，理想的实现过程也是一个否定之否定的过程，也就是说理想在实践中不断得到修正和完善，这就要求发挥人的建立在客观规律基础上的主观能动作用，并且要有“目标始终如一”的坚定性和勇于迎接挑战，克服困难，甘于奉献的决心，才能使理想最终在实践中成为现实。

现实性与理想性是人的实践中蕴含的伴随人类生存发展始终的一对矛盾。列宁指出：“人的实践＝要求（1）和外部现实（2）。”① 关于人的实践的“要求”，列宁解释说：“世界不会满足人，人决心以自己的行动来改变世界。”② 这里的人的实践要求和目的就是指人的理想。在这个意义上，我们也可以说，实践对世界的改造就是在理想的指导下进行的，实践的成功，就是把人的理想现实化，理想即主体客体化的过程和客体主体化过程的统一和实现。因此，理想对人的必要性是由人的生存方式决定的。

从人性的角度，人作为一种有意识的存在，理想性体现了人的独特性，是人的活动与动物活动的本质区别所在。人的生命活动有别于动物那种“是其所是”的本能生存，而是以人的方式通过对象性的活动确证自己是人，并使自己成为真正的人。人的这种否定性的生成方式和超越性的生存目的，恰恰蕴涵了人成其为人的价值本

① 《列宁全集》第 55 卷，人民出版社 2017 年版，第 183 页。
② 《列宁全集》第 55 卷，人民出版社 2017 年版，第 183 页。

性，表征了人追求“是其所是”的价值取向，体现了人以完善人自身为最高目标的价值理想。动物的存在就是存在，活着就是活着，按照自然规律，一切自然而然，没有为什么生存和应当如何生存的自觉。人类的活动是在目的和价值的支配下进行的，从文化的角度看，人的任何行为之所以有别于动物的根本特征之一就在于它的背后有强大的思想运动，有一定的文化支撑。无论是过程还是结果，都在文化视野的关照之下，都在意义和价值的笼罩之中。从这个意义上说，是理想把人的意识目标化、价值化、自觉化。理想在本性上就是一种关于人的“价值问题”的自觉，它以反思的形式来表现人对自身性质、生活价值的理解以及对人未来发展前景、理想境界的追求。因为，人要实际地创造出合乎人的目的、意志、需要的现实世界，必须首先在观念中把它创造出来。人与自然界其他存在物的根本区别在于人是自我发展、自我创造的价值存在，而创造在根本上乃是价值指向的活动，人生活在现存世界中，与外界进行物质与能量的交换，在此点上，人与动物无异，但问题的关键在于支配人的并不是物性逻辑，而是人性逻辑，即卡西尔指出的：“人被宣称为应当是不断探究他自身的存在物——一个在他生存的每时每刻都必须查问和审视他的生存状况的存在物。人类生活的真正价值，恰恰就在于这种审视中，存在于这种对人类生活的批判态度中。”① 理想赋予人类生活以意义和价值，理想是人类追求的最高价值目标，是支配人类行动的重要动力。人们树立了某种理想，就用它作为价值尺度，规范自己的行为。同时，理想自身中包含着事实与价值，是应当、合规律性与合目的性的多重矛盾。

显然，人类之所以需要理想在于“人类存在的矛盾性，在于现实的人总是不满足于人的现实，总是要使现实变成对人来说是更为理想的现实。这就是人类存在的理想与现实的矛盾。人类的全部活动——科学探索，技术发明，政治变革，艺术创新，道德践履，理论

① ［德］恩斯特·卡西尔：《人论》，甘阳译，上海译文出版社 1998 年版，第 8 页。

研究，工艺改造，观念更新——都是现实的人对人的现实的超越。人在现实中生活，又在希望、期待、向往和憧憬的理想中生活。现实规范着理想，理想引导着现实”①。这说明，追求理想是人的超越性本质决定的。可见，理想本身不是乌托邦，它是处于自觉状态的人基于现实对理想生活的设计，是人对现实超越的一种价值努力和追求。人只有作为一种理想性的存在，才能够不被动地安于现状，从而不断超越自我，不断进步，使人的生活高于动物式的自在生存状态，使人的生活真正符合于人的本性。可以说，社会的合规律与合目的的统一是理想存在的基本依据。

正因为理想的巨大作用，人类的历史在理想的引导和追求中不断改变和发展，变得越来越美好。然而，如同任何事物都具有两重性一样，追求理想固然美好，但是，如果理想脱离现实，对理想过度迷信也容易走向空想和乌托邦。因此，结合新的历史条件，正确认识理想及理想的社会作用，树立正确理想和坚定不移地追求理想对于社会发展和人的全面发展都有十分重要的意义。

二、理想是人格提升的内驱动力

理想追求对于个体和社会是十分必要的，它为我们的生活提供希望和动力，在追求理想的过程中，我们不但享有奋斗的快乐，也能体验到成功的幸福，没有理想的生活是没有意义的生活。人类的幸福和欢乐在于奋斗，而最有价值的是为理想而奋斗，社会在人类为追求理想的奋斗中得到进步和发展。

理想赋予人类社会生活以方向和意义。理想是对未来的展望和向往，理想的重要作用之一是能够增强个体生活和社会生活的组织性、规划性，即主体自觉性。主体的活动是自觉的有目的的活动，理想是主体根据需要与客体的条件而确立的价值目标，理想的确立是主体自觉的一个标志。在现实生活中，人们在社会生活和日常生

① 孙正聿：《哲学通论》，辽宁人民出版社 1998 年版，第 193 页。

活中要面对多样性价值选择的困惑和价值冲突，使人们在面临选择自由的同时也常常感到无所适从，理想的确定，就是建立起一个有序的价值系统，它一方面减轻人的精神压力，节省判断的精力；另一方面能使人更明确地和不受干扰地去行动，提高人生活动自觉性和一贯性。

理想决定着个体生活和社会生活的价值取向，为个体和社会指明奋斗方向，对人生和社会具有定向作用。人的生活和社会生活总是追求价值的最大化，朝着理想的目标前进。理想赋予人和社会以追求的目标，支配他们的行为，成为他们持久行动的动机。理想为人提供一种现实的生活目标和生活秩序，“从而把人的认知、情感和意志统一起来，这样不仅可以保持个体心理健康，避免精神分裂，而且可以向人提供生活内容本身，使生活具有实实在在的内容，从而使生活充实”①。在现实生活中，一种理想信仰，总是体现着一种独特的生活方式和生活秩序，接受一种理想信仰，就意味着接受一种对生活内容的安排。美国学者托夫勒认为，人对生活秩序的需要是人生“三种基本需要”之一。他说：“生活缺乏一个完整的秩序就如同行尸走肉。丧失生活秩序，就会导致精神崩溃。”② 这说明，理想作为一种精神寄托是一种逃避空虚从而为人们提供了一条社会联系的纽带，它将具有共同精神倾向的人统一在一个社会群体之中。在一个由共同信仰构成的社会群体中，个体更容易感到生活的意义和价值。

理想赋予人生和社会以意义，个体和社会有了远大理想目标，就会感到人生是有意义和价值的。理想就是境界，境界的高低优劣以理想的性质为转移。人生的境界就是人生的追求，人生境界问题实际上是人生理想问题。“理想是人生哲学中最重要的内容，它是人关于自身的价值、意义和目的的集中体现，因为人是在确立和实现自己理想的过程中呈现自身的价值和意义的。理想的状况和性质对于人成长

---

① 刘建军：《马克思主义信仰论》，中国人民大学出版社 1998 年版，第 149 页。

② ［美］托夫勒：《第三次浪潮》，朱志焱译，生活 · 读书 · 新知三联书店 1983 年版，第 467 页。

是极端重要的。人的成就超不出他的信念。一个崇高的理想就是人生的航标和灯塔，它在人的一生中始终照耀着人前进的道路。即使风云变幻、命途多舛，仍然有方向；理想又是加油站，它在人们遭到失败时起到鼓劲作用，能使人拼命挖掘潜能奋勇前进。”①

理想是制约和牵导人类社会发展的重要精神力量。理想作为最高的价值目标，实际上也是为人和社会的发展提供了一个价值标准。价值本身内含着规范。所谓规范，就是行为的规则、准则、尺度、标准。它规定什么是好的，什么是不好的，什么是应当做的，什么是不应当做的。有价值的东西主体就肯定、强化、坚持；无价值的东西或有负价值的东西主体就否定、抑制它。理想的规范功能就是根据客体价值而调整自身行为和部署，节制、约束自已的某些行动，强化某些方面的活动，以减少损失，求得更大价值的功能。规范的基础是什么是好的，什么是坏的，这个问题就是由价值来回答的。

理想追求就是价值追求，理想价值有动员、指导和规范作用，人们的一切行为都服从一定的理想价值，用理想价值指导行为、约束行为，就有一定的规范作用。所以，规范功能是理想价值的重要功能。

规范具体要求回答什么是应当做的，什么是不应当做的，它以规范判断的形式表现出来。而规范判断“应当”以“是”什么为基础，即规范判断以价值判断为基础。规范判断所表达的主体“应当”如何，就包含着对客体价值的肯定；主体“不应当”如何则包含着对客体价值的否定。所以规范判断也是一种价值判断，是规范性的价值判断。一般价值判断则是以“是”与“不是”，“有”与“无”来表述，是陈述性的价值判断。价值决定规范，价值判断（一般价值判断）决定规范判断。理想作为一种价值取向，实质具有行为规范的功能。②

① 陈先达：《静园夜语》，中国人民大学出版社 1998 年版，第 499 页。

② 参见王玉樑：《价值哲学新探》，陕西人民教育出版社 2000 年版，第 77—78 页。

理想价值目标为人的实践提供毅力和动力。有意识、有目的地进行实践活动，是人与动物的本质区别。人在生活中总是有所追求、有奋斗目标的，即有理想的。理想就贯穿于人的精神生活之中，是精神生活的支柱。对一个人来说，如果他的精神生活十分贫乏、空虚，即使物质生活很富裕，他的整个生活也不会过得愉快；对一个民族来说，如果没有理想，那就失去了前进的方向和目标，整个民族便会无所作为，也就不可能有什么希望；对一个社会主义国家来说，如果放松社会主义精神文明建设、放弃社会共同理想，就会人心涣散，影响甚至瓦解社会主义存在基础。

理想的意义还在于它是主体活动的强大动力。人们内心深处究竟相信什么、需要什么和追求什么，都受理想信念的引导和影响。一个人只有具有宏大的理想，才能产生强大的动力，才能激发出巨大的热情和坚强的意志，才能不怕任何困难去顽强拼搏。“伟大的精力只是为了伟大的目的产生的。”理想价值目标具有重大的鼓舞激励作用，是人们前进的强大动力。

在人的成长和发展中，价值目标具有特别重要的作用。人生的理想目标，就是人的志向或抱负，它对一个人的一生具有极其重要的意义，我国古代的思想家很重视立志，认为立志对人生、对事业具有关键的意义。我国自古就有“有志者事竟成”的箴言。王阳明说：“志不立，天下无可成之事。”诸葛亮说：“夫志，当存高远”，都强调树立远大志向的重要性。

“一个人有了远大志向，就可以不为小的挫折而灰心，就不会因贪图眼前的安逸而放弃长远的追求，就不会满足于一得之功与一孔之见而停步不前，就不贪图小利而放弃远大的理想。他会孜孜不倦、废寝忘食地不懈地探索、奋斗，不达目的，誓不罢休。一个人要为社会做出大的贡献，要在事业上有较大成就，他必须目标始终如一，必须刻苦自励，必须有自制力，必须从名缰利锁，追求金钱享受的羁绊中解放出来，‘淡泊以明志，宁静以致远。’必须有所不为，有所不为才能有所为，才能在事业上取得重大成就，对社会有较大贡献。所以，树立远大志向、抱负，是创造人生价值的关键一环。”①

对于一个国家来说，确定理想战略目标，具有极为重要的意义。共同理想具有巨大的团结凝聚功能，共同理想作为一面旗帜，能够把个体力量汇聚成为集体力量，这种巨大的精神力量通过实践环节会转化为巨大的物质力量，从而推动人类社会的发展。理想的可能性源于人的类本性，这种本性使人类必然要构建指向未来的理想以实现自己的类价值。而在这个过程中，对理想的科学性的确信不疑形成了科学信仰。这种科学的信仰又必定形成人的意志、决心等坚定的情感品质，从而在主体那里生成一种强大的精神力量。正是这种精神力量和物质的手段相结合，才使理想向现实的转化得以顺利地进行。而人类追求理想生活的可能性也由此变成了一种现实性。人的一切活动都是为了价值，价值是主体活动的动力。主体活动发端于主体生存、发展的需要。主体进行物质和精神活动，创造物质与精神财富，创造物质价值和精神价值，其目的是为了满足主体需要，获取更大价值。价值是推动主体进行各种活动的目的和内在动力。

理想价值目标与主体的利益密切联系，有价值的东西，使主体喜爱、兴奋，使主体激发起全部力量，振奋起主体的意志，成为主体活动的巨大动力。

理想凝聚和提升人的本质力量。从社会维度看，社会需要凝聚和整合，社会需要秩序。社会秩序的保障往往与执政党为核心的政权的维护与稳定相联系，需要社会个体对其有较高的认同程度。社会理想、社会价值观念体系引导和整合着社会个体实现对社会文化的认同，接受某种社会的文化形态，生活方式，承认社会组织的合法性，并归属于其中。“社会的整合关联着社会认同，从个体的维度看，社会认同除了对现有秩序合法性的确认，对共同体价值的肯定等等之外，还涉及一般意义上的道德理想、人生信念等等；个体对社会的接受和参与程度，往往受到这种观念的制约。当个人处于所谓存在的孤

① 王玉墚：《价值哲学新探》，陕西人民教育出版社 2000 年版，第 339 页。

独状态时，他常常倾向于从社会回到自我的封闭世界；对社会的这种隔绝，并不仅仅是由于交往的障碍等等而导致的与他人的分离，在更深的层面上，它亦与道德资源的缺乏相联系，这种资源包括积极的人生信念、对生命意义的正面理解、对存在价值的肯定态度，等等。对没有道德理想并以否定的态度对待人生过程的人来说，消沉、绝望、无意义感等等往往成为其难以排遣的情感体验，而对他人的冷漠以及对社会的疏远乃至排拒，则是由此导致的逻辑归宿。”① 可见，社会价值观念体系和社会理想是通过为个体的心灵和情感提供依归而实现社会秩序和社会整合的。而共同的理想为人们实现社会认同和社会凝聚提供依据。越是现代社会，理想的作用越发重要。

生活的理想，就是为了理想的生活。有远大理想的人，在前进的道路上，就能够有坚定的信心和强大的力量，就能够克服前进道路上所遇到的各种挫折和困难。有远大理想的人，就能够在极大的程度上，激励自己的意志、奋发自己的精神、发挥自己的潜能，为追求和达到自己的理想而英勇奋斗，从而促进人的本质力量的提升。人类在创造价值、实现理想的同时，也使自身得到改造、发展和完善。因为，实现理想的过程，就是主体本质力量对象化的过程，主体客体化的过程和客体主体化的过程。理想的作用最深刻地在于促进主体本质力量的发展和扩大主体的自由，也是对主体力量的一种确证。

我们党和人民走过的历程充分说明了理想对人的本质力量的凝聚和提升作用。在革命战争时期，为实现建立一个真正的人民当家作主的国家理想，中国共产党带领劳动人民在极其艰苦的条件下，团结一心，英勇奉献，取得了革命战争的胜利，建立了伟大的中华人民共和国。在改革开放初期，建设有中国特色的社会主义共同理想，极大地调动了人们的积极性和主观能动性，实现了国家的富强和人民的幸福。

理想作为一种精神力量可以通过实践转化为一种巨大的物质力

① 杨国荣：《伦理与存在》，上海人民出版社 2002 年版，第 36 页。

量。理想作为一种精神力量可以通过实践转化为一种巨大的物质力量是理想作用的最突出的表现。马克思主义不仅要认识世界，更重要的是要改造世界。马克思主义十分重视理论与实践的统一，尤其是重视理论向实践的转化，在这种转化中，理论力量变成物质力量。这种转变是依靠理论对人的影响、依靠理论掌握群众来完成的。马克思指出，理论一经掌握群众就会变成物质力量。这说明，理想只有掌握群众，才能变成巨大物质力量。但为什么理想为群众掌握就变成物质力量呢？就是因为理想一旦变成了群众的信仰，就会成为他们行动的动机和动力，就会生长出使命感和责任感。只有理想成为人们的信仰，人们才会自觉地以理想为指导，按照理想的要求去行动和实践，理想才能变成物质力量去改造世界，实现人的目的和需求。

理想是一种意识形态，也是一种文化的表现形式，每个人都有一定的理想，这理想决定着他的努力和判断方向，指引他的行动和选择，并与一定的目标相联系。一个人有什么样的理想就会有什么样的目标，从而采取什么样的行动，也就决定了他有什么样的命运。

理想作为人的精神活动，作为人的主观能动性，它的塑造力使人们在经常变化的社会面前保持清醒的头脑，面对现实，审视自身价值目标体系及相应的言行，不断完善自己的人格，激励自身不断向更高的境界发展，并通过实际行动加以体现。如在战争年代，共产党领导人民军队怀着为解放广大劳动人民的坚定信仰和崇高理想，历经艰难险阻，终于取得了革命的胜利。

培养中华民族崇尚精神价值的文化追求。精神以其崇高性而是其所是，精神的崇高性正来源于其神圣性，精神因其神圣而崇高，方使人们时刻保持崇尚精神价值的生命状态，这是人的生命结构中最为可贵的要素。文化是一个民族的灵魂，不同的文化反映不同民族的精神特质。文化是人在实践中创造的，塑造了当代中国的精神生活状况，它在本质上是观念形态，无处不在，无时不有，在社会发展中起着独特的作用，这种作用若是单纯从文化自身来解释未免显得狭隘。在文化发展的背后是政治经济社会各方面的协调发展，文化变革的背后，是生产方式和生产力的深刻变革，蕴含着未来中国精神生活建构的可能性和方向性。

文化可以被传递和传承，是人类文明延续的重要载体，重要的经验、知识和优秀的价值观念不仅能够用于当时，还可以随着文化一同延续，影响后人。在文化中存在着能够约束人的行为的社会标准和社会规范，这些精神被人们认可并自觉地遵循，被人们深藏于心，外化于行，为社会有序运行提供了保障。

第四节　理想教育应坚持以人为本

德国哲学家恩斯特·卡西尔指出："走向人的理智和文化生活的那些最初步骤，可以说是一些包含着对直接环境进行某种心理适应的行为。但是在人类的文化进度方面，我们立即就遇见了人类生活的一个相反倾向。从人类意识最初萌发之时起，我们就发现一种对生活的内向观察伴随着并补充着那种外向观察。人类的文化越往后发展，这种内向观察就变得越加显著。"① 这种内向观察实质就是人对人的生活意义的关切与反省，就是想活得清楚和明白一些。如果说在战争年代靠激发革命热情进行的理想教育能够成为一种政治优势的话，那么，在社会主义建设时期，理想的确立必须要通过理性文化教育，通过文化优势和文化力量实现理想的作用。"所谓精神生活，本质上就是一系列的人与人之间和人与团体之间的交流，并在交流中得到满足，同时也改善社会。所以，精神生活也不是纯粹的个人生活。人在与他人交流过程中，既是自己的精神升华，也使社会沿着自由和公正的向度发展。在这一点上看，精神生活同样具有政治价值。"② 现代意义的理想确立仍然需要正面的强化教育（西方理想虽然以人为本，可也存在

① ［德］恩斯特·卡西尔：《人论》，甘阳译，上海译文出版社 1998 年版，第 5　6 页。

② Michael McGhee, (ed.) Philosophy, Religionand Spiritural Life, Cambridge:Cambridge University Press, 1992, p.230.

理想标准的混乱和相对主义的问题），但是，任何理想确立的过程都需要经过主体的建构，需要经过精神、思想的再生产，而且，也只有个体的精神再生产过程才能内化为个体的精神品质。

理想一定是某种主体的理想，主体可以是人类、社会以及个体。传统理想的视点主要是社会，因为它把人的发展包含在社会之中，以为社会发展了，人就自然而然地发展了。而在现代社会，尊重个体与社会的相对独立性是趋势，实际上，“人的发展和社会发展之间，不是包含关系，不是主次关系，而是相对独立、相互并列的两个方面，是互为前提和基础的关系……人是蕴有需要、劳动（活动）、社会关系、能力、个性、观念等多种特性和本质的完整的社会人，因而人的发展不是一个单指称谓，而是一个包括上述诸方面的综合概念，是上述各因素互相作用下的综合发展”①。

以人为本是新时期重塑理想的基本理念，贯彻以人为本就是确立理想要以促进和实现人的全面发展为目标。促进人的全面发展就是解放和释放人的精神创造力，就是使人获得的正确的政治方向与人的能力有机结合起来。

一、理想教育为何要以人为本

以人为本中的人是“个体”的人，是个人，它相对社会本位而言。毫无疑问，人的存在本质上是一种矛盾存在，人首先可以指称“个体”的人，也可以指称“人类”的人或人类社会，人的独特性使他成为一个不可复制的、充满个性的“自我”，而人的现实存在的社会形式又使人时刻内“在”于社会群体中。这样，主体之“在”与主体间“共在”、个体性与社会性构成了人的存在的双重相关维度。在不同的社会发展阶段，社会与个体之间的位置排序或价值排序是不同的，社会本位是在二者之间偏向整体的“类”和社会，从归根结底的

① 靳诺等：《新时期高校思想政治工作理论与实践》，高等教育出版社2003年版，第148—149页。

意义上它也可以被笼统地称为以人为本，但在这种价值排序中，个体的人是无足轻重的；以人为本则是侧重强调以“个体”的人为重，个人与社会相比具有首位价值，人是目的，社会是条件。

通过对比，我们可以认识到，以人为本在一种现实的社会与人的关系中存在着对社会与个人地位的一种重新排序，或者是位移，它表明理想教育应当更加关怀理想教育对象，而不是忽视社会理想和个人理想之间的必要张力。

理想的确立要遵循以人为本的新理念，是由时代的文化精神所驱动的。人本主义是现代文化的基本精神之一。理想要想获得现代性就必须树立以人为本的新理念。因为，“现代性讲到最后就是个人主体性的提高问题。个人主体性之升起，当然与个人主义之发展有关”①。以人为本，就是把理想“与人的幸福联系起来，与人的自由发展联系起来，与人的尊严联系起来，与人的终极价值联系起来，使教育真正成为人的教育，而不是机器的教育。使教育不只是人获得生存技能的一种手段，而且还能成为提升人的需要层次、丰富人的精神世界的一种途径。以现代人的精神培养现代人，以全面发展的视野培养全面发展的人，乃是以人为本的应有之义”②。以人为本是以一种最简约的语言表达的、能够形成共识的、寄托人类理想和情感的文化理想新理念，它是最能够恰当表达理想对人类存在的关切的词汇。强调理想教育的以人为本理念，实质是指理想应当充满人文主义精神，以人文主义态度对待人。理想作为激励人发展的方向和目标，应当蕴涵深厚的人文精神和人文情怀，充满着对人的个性的尊重和关爱。尊重人、关注人、建设人应当是理想活动的出发点和归宿。同时，以人为本也在强调，理想的精神生产过程应当更关注理想文化对象，它是理想文化意义和价值生成的“瓶颈”。

理想的人文精神是一种以人为本的价值理想、精神品格，强调

① 金耀基：《全球化与现代化》，《社会学研究》2003 年第 6 期。

② 康宁等：《教育理念的反思与建设》，《教育研究》2003 年第 6 期。

人是目的，理想要尊重人，把个人当作理想的主体看；同时理想也强调人之为人的责任，注重如何做人，怎样做人。邓小平曾指出，人的因素很重要，人不是指普通的人，而是指认识到人民自己的利益并为之而奋斗的有坚定信念的人。人文精神涉及人的整个活动领域，人的一切精神活动，实践活动都蕴涵着人文精神，体现着人文精神。

理想作为发展人提升人的观念预设，是对人文精神的最直接最自觉的精神阐释和守护。就理想对人的塑造意义上说，理想教育实质上是一种人文教化。人文教化以人性的完整、丰富和全面占有为目的，强调人的生命的完整、意义和价值。理想作为一种社会意识，它要从社会生活的全面性出发，积极致力于社会各个领域人文氛围的优化，把人文教化作为一种普及性和义务性的教育，努力在全社会形成人文传统、人文风气和人文风俗。理想人文精神的终极目标是培养有个性的全面发展的人。理想的终极目标是实现人的全面发展，但人的全面发展归根结底只能落脚在人类个体的发展上。因为根本不存在抽象的人，只有具体的有个性的人的存在，而且个体的发展又充分体现出自由的个性，它并没有统一的模式。理想的人文精神其深刻性和具体性不在于抽象的主体性，而是体现在具体的、历史的、有个性的个人身上的主体性。毫无疑问，理想的人文精神与人的个性发展有着必然的联系和一致性。

第一，理想的人文精神是指对人的个性发展的合理性的充分肯定、尊重和珍视。人的个性是个人具有的与其他个人相区别的独特性，是人的本质特征之一。就个人特性而言，世界上每个人是不可重复的，是不可复制的，世界上没有两个绝对相同的人。因为人人具有个性和特殊性。“现代社会把个人的棱角和锋芒都磨去，反而是‘走上了将人类弄成一盘散沙的道路’。个人愈是雷同，社会就愈是缺少凝聚力。无个性的个体不能结合为整体。个人愈是独特，个性的差异愈是悬殊，由他们组成的社会有机体就愈是生机勃勃。”①

① 周国平：《在世纪的转折点上——尼采》，上海人民出版社 1997 年版，第 149 页。

从学理上讲，理想是培育人，促进人的全面健康发展的文化灵魂，而人的发展首先是人的素质尤其是人的主体性的提高和发展。在人的素质中，主体性及主体意识是具有首位意义的。所谓人的主体性就是人的创造性、能动性。所谓主体意识就是人对自身在自然、社会中的地位、作用的明晰及在此基础上所具有的自主、自为、自决、自尊的认识态度和实践能力。一句话，主体性表明了人对自己意识、行为的主宰性。主体性及主体意识是衡量人的本质力量或人的创造力大小的重要标志，是人的素质构成要素中的最重要构件。人类之为人类的本质在于它的主体性，或曰自觉能动性。马克思说："全部人类历史的第一个前提无疑是有生命的个人的存在。"① 个人不只是人类历史的"前提"，同时也是历史发展的目的。所以，人的全面发展最终要通过有个性的人的全面发展来实现。所谓个人的个性发展，即把个体培养成具有主体意识而又富有真才实学的人，它是个人独特的自然潜能的唤醒、激发和充分发挥。人的这种个性是人自身的一种存在方式，无论对人自身还是对社会，它的存在都具有重要价值。一个社会要能充分调动人的积极性，使人们自觉发挥主观能动性，就要充分发展人的个性。没有人的个性的充分发展，人的潜能就得不到激发、发挥，个体独特的人生价值就无法实现，体现主体性的能动性和创造性就要落空。所以，理想的人文精神首要的价值指向就是要为人的个性的优化和健康发展创造条件，提供明确的价值导向。

第二，理想的人文精神是说，确立理想应充分尊重和认同个人实现自我价值及选择不同人生道路的权利和自由。人文精神体现为对人的价值的尊重、肯定和弘扬。人的自我价值在每个有个性的人中的表现样式、发挥程度、个体选择的实现方式也各不相同，只要这些内容与社会发展无害，都应当得到社会的理解、支持和尊重。理想的人文精神应当确立人的自我价值实现过程中个体在表现样式、发挥程度、实现方式中表现出的差异性的合理性和价值性。正如马克思所说

① 《马克思恩格斯选集》第1卷，人民出版社2012年版，第146页。

的："即使在一定的社会关系里每一个人都成为出色的画家，但是这决不排斥每一个人也成为独创的画家的可能性。"①

第三，理想之所以重要，是因为理想的目标是使社会每个人成为富有个性，整体素质高和全面发展的人。也就是说，理想教育首先要教育和引导人成为独立、自觉的个体，使每个人成为具有鲜明个性意识的主体。人的个性发展、解放是社会健康发展的前提。只有每个人充分体现主体意识和自由个性，他的创造才能、潜力才能得到充分发挥，才能实现人作为主体自身的目的。对人的个性的尊重和张扬，实质是对人的创造性的尊重和弘扬，它是使社会充满活力，呈现勃勃生机的重要前提。理想教育对人的尊重和关注首先是启发个体自我意识的觉醒。引导个体对自我潜能的认识、挖掘和发挥。同时，理想教育的人文教化也包括培养个体主体庄严的道德感、使命感和社会责任感。人是一种社会性存在，都要接受社会规范，承担社会责任，所以，理想的人文教化在唤起人的自我意识，培养独立个人的同时，也要通过一定形式把这种自我意识转化为社会意识，为社会服务。道德感、使命感和社会责任感正是人自身的尊严和生命质量在社会生活中的体现。人的个性发展的合理性在于具有个性的个体主体既具有独立思想且对思想信仰的结果负完全责任，而决非以个人为中心的自私自利性质前提下的个性发展。

第四，理想教育的社会规范性与人的个性发展的关系。梳理理想与人的个性发展的关系，无法绕开这样一个关键问题：社会规范与人的个性发展之间的关系。社会是人的生长环境，也是人的个性形成的环境和条件。人作为社会的人，任何人都不能越出历史现实条件提供的真实舞台，必然要接受社会规范和示范对自己的影响。接受社会规范，这也是人获得自己本质的方式之一，是使生物的个体逐步发育成一个合格社会个体的重要途径。社会规范是对人的生物自发性及有害个性的一种遏制，不能不使人的某些个性受到影响和约束。但从总

① 《马克思恩格斯全集》第3卷，人民出版社1960年版，第460页。

体上看，具有进步性质的社会规范，对人的健康个性的发展是应该起优化作用的，因为从根本上说，人的个性是社会关系演进的产物。一般意义上，社会规范越配套，越成熟，人们就越懂得该怎么做，不该怎么做，人就越能获得较大的自由空间的发展。所以，人的个性的发展绝不是毫无节制的，人作为有独立性的个体，其个性的形成本质上是社会历史过程的产物。

从现实的维度看，社会主义市场经济迫切需要有个性的人、独立自主的人，需要人能最大限度地发挥主观能动性。因为市场经济使个人面临越来越多的自我抉择和自我承担，而现有人的素质很难适应社会这种需要。千百年来一种基于民俗社会的“群体”规范已成为其深层心理积淀的沉重历史意识，淹没了作为生命主体的人的个性意识和自我追求。因此，新时代的理想教育理应在唤醒和激发人的主体意识和倡导人的个性发展上有所作为。理想教育也只有充分体现时代所要求的人文精神才会具有活力。

总之，理想人文精神的张扬不仅具有理论意义而且具有实践意义。人文精神要以充分发挥个人的个性为核心，并要求最终有利于社会。它实际上是鼓励人们在积极参与现实社会生活中发展自己的个性，实现自我，其中洋溢着蓬勃向上的创造精神和奋斗精神。中国特色社会主义新时代与中华民族伟大复兴事业的实现，客观上迫切地需要激发个体活力，进而激发群体活力，而解决问题的入手处就是要张扬人的健康个性，推进人的个性的发展，理想教育在这方面有着独特的优势。新时期的理想教育也只有积极弘扬其人文精神和人文情怀，贴近人的生活，使其可爱又可信，才能获得新的生命力。

冯友兰曾经提出，由于“个人的觉解程度不同”，“我们可以把各种不同的人生境界划分为四个概括的等级。从低说起，它们是：自然境界，功利境界，道德境界，天地境界”①。为此，一个人做事，可能顺从本能或风俗，可能为了取得功利，也可能是为了超越自我，形

① 冯友兰：《中国哲学简史》，北京大学出版社 2001 年版，第 291 页。

成某种德性，达成某种境界。道德要求的德性层次正适应了自我超越的这一要求，它为达到道德境界的人追求自我完善开辟了路径。人之为人，在于他总是不断地反省自我，超越自我，主观能动地克服人性恶、发展人性善。确立理想就是人自我肯定、自我实现和自我发展的一种特殊形式。

哈贝马斯曾将“我应当做什么”这一问题同实践理性的应用结合起来，后者具体展开为三个方面，即实用的、伦理的以及道德的。在实用的层面，实践理性主要为行为提供技术性、策略性的指导，此时个体的选择以偶然的态度、偏好为基础；在伦理的层面，实践理性涉及对人生完善的追求、自我的实现等，与之相联系的是主体对真诚人生的承诺、对自我的理解、认同等；在道德的层面，实践理性涉及自由意志，此时个体按自我的立法行动，其行为由道德洞见决定。

柏拉图说过，教化的本质在于面向个人灵魂的内在的和谐的形成。教化能够提高个人对灵魂的自我理解、自我治理和自我更新的能力。教化导向人的心灵健康，个人理念与欲望的和谐，德性与利益的和谐，社会性与自然性的和谐，自由与责任的和谐，道德知识与道德行动的和谐。现代理想教育对思想“内化”问题的研究、对接受理论的重视无不与这一问题有关。《中庸》中说得好：“博学之，审问之，慎思之，明辨之，笃行之。”因此，对理想的确立、内化和追求只有经过博学、审问、慎思，才能真正明辨，而只有想清楚了的事情，人们才愿意坚定不移地笃行之。理想对人的最终关怀不是关心生活中的小事情，而是大事情，是政治方向，是世界观、人生观和价值观这样一些根本性的问题。在现代，主要是道路自信、理论自信、制度自信和文化自信。而这样的大问题，如果不能站在人类发展规律和走势的高度，不能站在中华民族伟大复兴中国梦的高度，没有历史主义的态度，没有对人类正义的追求，是无法想象的。

二、理想教育如何体现精神关怀

理想教育是对人的精神世界的建设，也应当体现为对人的精神关怀，尤其是终极关怀。“社会加速度发展，信息量剧增，人们的认知水平的极限受到了挑战。于是在心理层面上，在‘量’的迎接中产生‘心躁’，觉得信息太多、太累；在质的认知和‘定型’上而无从选定，进而人心浮躁。人心浮躁可能是一个普遍的现代性特征，原始社会的伦理价值持续了几百万年，封建社会的价值稳定了几千年，而现代社会的价值多变、多元，认知信息量的增大，人们的心理也增添了更多的不确定因素。尤其在这种变化的内容与之以往所接受的不一致，相互冲突、矛盾的时候，更显出内心的不适。”① 处于现代社会的人比历史任何时候都需要心灵和精神的安慰和支撑，也即对生活意义的占有。

建构人的精神家园，我们面临多重的矛盾、冲突和选择困境。目前中国社会正以浓缩的形式、以共时态的方式重现着西方人类文明几百年以历时态形式所走过的文化之旅。一方面，我们正经历着传统农业文明的自在自发的文化模式同现代工业文明的自由自觉的文化模式的冲突与碰撞；另一方面，我们又经历着工业社会自由自觉的理性化文化模式的危机和人们对这种文化模式的批判。中国的现代化是在世界的大文化背景中展开的，它不可能不受整个人类历史进程的影响。当我们在市场经济建构过程中选择工业文明的自由自觉的理性化文化模式本身就处于同传统的激烈冲突中，同时又面临着后现代文化的冲击，左右夹击，矛盾重重，这三重的矛盾文化背景是已经实现了现代化的国家所没有经历的。特殊的历史条件，人的精神更容易困惑和迷失，更容易焦虑。所以，理想教育应当在为人的精神家园建设中发挥自己的精神教育作用。

“终极关怀是人类立足于现实对‘至真至善至美’的总体理想境界的永恒的追求与向往。这里面有三层意思：第一，终极关怀必须立足于现实，完全脱离现实的终极关怀则成为一种毫无意义的幻想。第二，终极关怀中所强调的‘理想’，恐怕不能理解成存在于日常生活

---

① 《聚焦：2003 年理论界关注的热点问题》，《新华文摘》2004 年第 4 期。

层面的一时一事的圆满状态。换句话说，无论对于个体而言，还是对于特定的民族或社会而言，它带有一种总体性、全面性、最终达到性，也即理想具有形而上的蕴含。它应是神圣的而不应是世俗的甚至庸俗的。第三，就终极关怀中的'现实'而言，它只是理想所赖以'立足'的前提，而不能和理想'平等二分'，甚至不能成为终极关怀的过程性因素。可以说，终极关怀的特质就是倚重于理想的一面，它着意强调的就是在现实中终极性理想对人的感召性的一面。"①

人的社会性本质是在人的物质性与精神性实践活动中生成、发展和完善的。② 科技、知识为人们提供了认识世界和改造世界的工具，在此基础上，对人的价值的追寻，实现人类自身的超越就只能依靠对人文精神的培养和教化，因此对人的教化要能够使人更好地认识现代的科学技术，处理好物质生活和精神生活的关系，培养人们的价值理性，冲破功利主义的藩篱，实现自我价值。教化的目的是培养完整的人，意味着要造就的是身心都全面健康发展的人。人之为人，应具有丰富的知识、高尚的道德和远大的志向，物质的发展固然重要，对人的精神文化的塑造也不容忽视。

教育应当强化关注和引导人的精神生活的维度。文化精神生活的生成性、流体存在状态说明，精神生活的形成和发展是在学校教育、日常教育、文化接触、学术交流等自觉活动中实现的，它的形成依靠对一定的文化传播和文化资源的占有为前提，更依赖文化产品的消费和文化教育的渗透，这不是一个一蹴而就的事情，其形成必然有一个过程性和长期性。

精神生活能够让人确认自我的存在。缺乏精神生活会让人精神空虚，面对困难不是积极寻求解决的办法，去战胜困难，而是回避困难，变得越来越软弱，实现人生价值成为空谈。对精神生活的关注首先要能充分认识精神生活的价值，精神生活不是幻想，而是一种实实

① 荆学民：《社会转型与信仰重建》，山西教育出版社 1999 年版，第 246—247 页。

② 参见张轩：《思想政治教育是人的生存方式之一》，《思想政治教育研究》2010 年第 2 期。

在在的思考，是一种能够帮助人们健康生活的坚定意志，是对自身在世界中存在意义的追问和发现。

理想教育引导人们关注精神生活，首先要唤醒人们对精神生活价值的关注，从思想上提高认识，对生命价值的思索和探寻或许并没有确定的答案，但是却可以让人生活得更清晰。人的内在和外在世界密不可分，精神世界的建立和完善有助于让人更好地改变外在世界，对外在世界的改变不一定是科技进步、物质丰裕，更可能是人接受了自己的不完美，能够从容面对世界的不完美。理想教育应当把培育个体修养和精神境界当作教育目标。教育从解释现象开始，为人答疑解惑，培养人以成熟理性的思维对待事物并能够形成自觉的意识。理想教育不仅能够传播理性知识和认识，还通过培养人们较高层次的意识来促进人们对现实的理解，是促进人的精神发展的重要手段。理想教育对社会的推动作用不言而喻，要解决人们目前的精神生活困境，理想教育是最直接有效的方法，精神教育的目标应当直接体现以人为本的原则，体现人文关怀，通过培育个体修养和精神境界推进精神生活的健康发展。

个体修养是一种无形的力量，是一种精神的表现，影响着人在社会中的选择和行为。人是社会中的人，精神生活也与社会紧密相连，人们在对社会价值的认同中不断超越自我，创造自我价值的过程实际上就是精神生活，在现实中，精神生活并不是像上述文字一般抽象，而是存在与人们平凡和琐碎的日常生活中，在人的工作学习、休闲娱乐、人情往来中都体现着精神的力量，体现了个体修养对个人行为的引导和约束。现代人精神生活困境的形成，很大程度上来源于现实生活，在人们还没有准备好面对复杂的现实生活的时候，挑战和诱惑就像潮水一般向人们涌来，人们缺乏应对现实的精神力量，必然陷入精神痛苦之中。

理想教育的目的是为了激发和引导人的自我发展之路，教育对人的精神境界的培育是教育的最终旨归。从精神生活所起的作用来看，对人生价值的追求和超越是人们精神生活的归宿，同时指向人的现实精神生活，是人们进行价值判断和选择的根本标准，所以精神教育要促进人们对现实的理解，树立科学的人生观、价值观，能够让人立足于现实又超越现实，实现个人和社会的双重发展。

三、中国特色社会主义理想教育的现实针对性

在各种理想中，社会理想是最高的表现形式，是一个人、一个党、一个国家和民族的精神支柱。确立社会理想问题，是一个至关重要的问题。共同的理想是一个政党治国理政的旗帜，一个民族奋力前行的向导，一个国家走向富强的精神动力。一个国家如果没有自己共同的社会理想，就等于没有灵魂，就会失去凝聚力和生命力。特别是对于我们这样一个大党、这样一个大国来说，如果缺乏团结人、凝聚人的共同理想，就会成为一盘散沙，一败涂地。在建构和选择什么样的理想以及实现理想的自觉程度上，体现着一个人乃至一个国家、一个民族的精神文明发展方向和实际水平。解决了理想问题，才能明确追求目标，把握前进方向，提供动力源泉。在社会主义现代化发展的关键阶段，重申理想的作用显得更加重要。

社会越是分化，以理想整合社会、凝聚社会力量的要求就越迫切，在当代中国社会转型必然伴随社会分化，而且这种分化的趋势将会继续下去。社会分化即社会结构更加复杂化，社会发展中不断分解出多元的、异质的社会要素，社会差异成分增多，社会利益不断重组，个体自主性逐渐形成。随着社会主义市场经济深入发展，我国经济成分、组织形式、就业方式、利益关系和分配方式日益多样化，与此相伴随，人民群众精神文化需求日趋旺盛，人们思想活动的独立性、选择性、多变性、差异性明显增强。显然，对社会分化的自发性不加以自觉调整，社会分化超出一定的限度，就有导致社会混乱的危险，甚至把社会主义引向歧途。这就必须要有一个能够代表广大人民根本利益、为社会各个阶层广泛认可和接受、能有效凝聚各个方面智慧和力量的共同理想。有共同理想，才能有全社会共同步调，打牢全党全国各族人民团结奋斗的思想基础。

改革开放以来，我们党成功探索出中国特色社会主义道路，中国特色社会主义显示了巨大的优越性。“中国特色社会主义这个共同理想，就是在中国共产党领导下，走中国特色社会主义道路，实现中华民族的伟大复兴。它把党的目标、国家的发展、民族的振兴与个人的幸福紧密联系在一起，集中代表了我国工人、农民、知识分子和其他劳动者、建设者、爱国者的利益和愿望，具有强大的感召力、亲和力和凝聚力。坚持以中国特色社会主义共同理想，就是要积极引导人们正确认识国家、民族的前途命运，坚定中国特色社会主义的信念，在全社会牢固树立起建设中国特色社会主义、建设富强民主文明和谐的社会主义现代化国家的共同理想，形成社会和谐的强大的凝聚力，为实现全面建设小康社会宏伟目标而努力奋斗。”①

只有树立中国特色社会主义共同理想才能巩固社会主义制度。当前，中国特色社会主义建设所处的复杂的国际环境和国内状况都凸显了以中国特色社会主义共同理想统一社会思想的重要性。当今世界正在发生广泛而深刻的变化，经济全球化使社会主义现代化发展面临更加复杂的国际环境。尤其是苏东剧变后，世界社会主义运动进入低潮，西方敌对势力反社会主义、反马克思主义的气焰更加嚣张。中国作为目前世界上最大的社会主义国家，将长期面对各种敌对势力在意识形态领域有目的、有计划地渗透和分化阴谋。敌对势力攻击和瓦解社会主义意识形态，通过反公有制、反共产党、反马克思主义，以最终消解社会主义制度。全球化和网络化的浪潮，西方发达国家经济上的优势地位，使其意识形态的传输力、渗透力、吸引力十分强劲。在如此强大复杂的挑战面前，唯有以中国特色社会主义理想凝聚社会力量，增强内力和向心力，构筑起民族的强大精神支柱，社会主义中国才能抵御敌对势力的强力干扰。

从国内情况看，当代中国社会转型必然伴随社会分化，社会分化也必然伴随高风险性，社会利益多元化后，非社会主义思潮、反社

① 《建设社会主义核心价值体系大参考》，红旗出版社2007年版，第48页。

会主义思潮的出现就不可避免。只有树立中国特色社会主义共同理想才能推进中国特色社会主义事业的发展。

在新时期我们所从事的事业，就是中国特色社会主义的伟大事业。现阶段中华民族的共同理想，就是建设中国特色社会主义，实现富强民主文明和谐的社会主义现代化国家，在中国特色社会主义道路上实现中华民族伟大复兴的中国梦。

加强理想信念教育关键在“信”和“实”上下功夫。进行中国特色社会主义理想信念教育，要紧密结合人民群众的思想认识和工作生活中的问题，突出加强理想信念教育，不断增进全体人民的凝聚力。人民群众的理想信念、精神状态和人心所向，最终决定建设中国特色社会主义事业是世界上最为正义、最有前途和力量的事业，是伟大的事业。伟大的事业需要伟大的精神，我们必须树立坚定正确的理想信念来保证这一伟大事业的实现。

理想信念，是人们对未来的向往和追求，以及对一种理论的真实性和一种实践行为的正确性的确认，它一旦形成，就会成为支配和左右人们活动的持久的精神动机。加强社会主义优越性的教育是“信”的关键。

把中国特色社会主义理想信念教育具体化、实在化，就要从新的历史阶段特点出发，不断赋予它具体实在的内容。理想信念教育的一个重要原则，就是要适应形势的变化，解决好人民群众的现实思想问题。同样是讲道理，需要根据新形势新情况，不断调整充实教育内容，采取新的手段。进入新的历史阶段，社会变革快而明显，只有从群众思想特点出发，紧密联系国际局势的发展变化，联系我国改革开放的实际，联系思想政治领域的复杂矛盾和斗争，找准思想认识上的“模糊点”，才能使教育有针对性和实效性。

正确处理好理想与现实的关系，走出理想虚无主义的误区。人类存在的矛盾性，在于现实的人总是不满足于人的现实，总是要使现实变成对人来说更为理想的现实。这就是人类存在的理想与现实的矛盾。坚持中国特色社会主义共同理想，还要坚决反对理想虚无主义。虚无主义否定生活意义对于世界和人的价值，认为人类的存在根本没有意义、没有目的以及没有可理解的真相和没有最本质价值。理想虚无主义认为，理想根本不存在，存在的只是一个个现实的目标，所谓理想就是乌托邦式的幻想。忽视人的本质还是一种精神性的理想的存在，看不到理想在人类发展史上对个人、民族、世界所起到的重要作用。现代社会中，人的生存焦虑和单向度已经证实了虚无主义对人类的危害。为了更有力地坚持中国特色的社会主义共同理想，我们必须坚决反对理想虚无主义。

中国特色社会主义建设的健康发展需要共同理想的牵引。中国特色社会主义理想信念，是中国共产党治国理政的旗帜，是中华民族奋力前行的向导。

参考文献

一、著作

1.《马克思恩格斯全集》第 3 卷，人民出版社 1973 年版。

2.《马克思恩格斯全集》第 42 卷，人民出版社 1979 年版。

3.《马克思恩格斯全集》第 46 卷（下），人民出版社 1980 年版。

4.《马克思恩格斯全集》第 47 卷，人民出版社 1979 年版。

5.《马克思恩格斯选集》第 1—4 卷，人民出版社 2012 年版。

6.《马克思恩格斯文集》第 9 卷，人民出版社 2009 年版。

7.《列宁选集》第 4 卷，人民出版社 1995 年版。

8.《列宁全集》第 38 卷，人民出版社 1959 年版。

9. 马克思：《1844 年经济学哲学手稿》，人民出版社 1979 年版。

10.《毛泽东选集》第一至四卷，人民出版社 1991 年版。

11.《习近平谈治国理政》第一卷，外文出版社 2018 年版。

12.《习近平谈治国理政》第二卷，外文出版社 2017 年版。

13.《党的十九大报告辅导读本》，人民出版社 2017 年版。

14.《习近平总书记系列重要讲话读本（2016 年版）》，人民出版社 2016 年版。

15. 习近平：《之江新语》，浙江人民出版社 2007 年版。

16. 张岱年：《文化与哲学》，教育科学出版社 1988 年版。

17. 张岱年：《中国哲学史大纲》，中国社会科学出版社 1982 年版。

18. 陈先达：《哲学与文化》，中国人民大学出版社 2016 年版。

19. 梁漱溟：《中国文化要义》，上海人民出版社 2005 年版。

20. 李鹏程：《当代文化哲学沉思》，人民出版社 2008 年版。

21. 邹广文：《文化哲学的当代视野》，山东大学出版社 1994 年版。

22. 衣俊卿：《文化哲学——理论理性和实践理性交汇处的文化批判》，云南人民出版社 2001 年版。

23. 孙正聿：《崇高的位置》，吉林人民出版社 1997 年版。

24. 韩庆祥：《人学：人的问题的当代阐释》，云南人民出版社 2001 年版。

25. 邴正：《当代人与文化》，吉林教育出版社 1998 年版。

26. 高清海：《社会发展哲学》，高等教育出版社 1999 年版。

27. 胡海波等：《中华民族精神家园的生命精神研究》，人民出版社 2015 年版。

28. 许苏民：《文化哲学》，上海人民出版社 1990 年版。

29. 童世俊：《当代中国人精神生活研究》，经济科学出版社 2009 年版。

30. 万俊人：《现代性的伦理话语》，黑龙江人民出版社 2002 年版。

31. 郑永廷、罗姗：《中国精神生活发展与规律研究》，中山大学出版社 2012 年版。

32. 金生鈜：《德性与教化》，湖南大学出版社 2003 年版。

33. 张琼、马尽举：《道德接受论》，中国社会科学出版社 1995 年版。

34. 杨国荣：《伦理与存在》，上海人民出版社 2002 年版。

35. 孙正聿：《哲学通论》，辽宁人民出版社 1998 年版。

36. 荆学民：《社会转型与信仰重建》，山西教育出版社 1999 年版。

37. 王玉墚：《价值哲学新探》，陕西人民教育出版社 2000 年版。

38. 陶德麟：《当代哲学前沿问题专题研究》，武汉大学出版社

1999 年版。

39. [德] 康德:《道德形而上学原理》,苗力田译,上海人民出版社 2005 年版。

40. [德] 卡尔·雅斯贝斯:《时代的精神状况》,王德峰译,上海译文出版社 2003 年版。

41. [苏] 鲍·季·格里戈里扬:《关于人的本质的哲学》,生活·读书·新知三联书店 1984 年版。

42. [法] 阿尔贝特·施韦泽:《文化哲学》,陈泽环译,上海人民出版社 2013 年版。

43. [美] 克利福德·格尔茨:《文化的解释》,韩莉译,译林出版社 1999 年版。

44. [德] 恩斯特·卡西尔:《人论》,甘阳译,上海译文出版社 2013 年版。

45. [英] 弗雷德·英格利斯:《文化》,韩启群等译,南京大学出版社 2008 年版。

46. [美] 麦金泰尔:《德性之后》,中国社会科学出版社 1997 年版。

47. [美] 丹尼尔·贝尔:《资本主义文化矛盾》,生活·读书·新知三联书店 1989 年版。

48. [美] 唐娜·希克斯:《尊严》,叶继英译,中国人民大学出版社 2016 年版。

49. [美] 英格尔斯:《人的现代化》,殷陆君译,四川人民出版社 1985 年版。

50. [德] 尼采:《权力意志——重估一切价值的尝试》,张念东等译,中央编译出版社 2005 年版。

51. [德] 齐奥格尔·齐美尔:《现代文化中的金钱》,刘小枫译,学林出版社 2000 年版。

52. [德] M. 兰德曼:《哲学人类学》,张乐天译,贵州人民出版社 1988 年版。

53. [法] 帕斯卡尔：《思想录》，何兆武译，商务印书馆 1985 年版。

54. [英] 莱斯利 · 史帝文森：《人性七论》，袁荣生译，商务印书馆 1999 年版。

55. [英] 塞缪尔 · 斯迈基：《品格的力量》，刘曙光译，北京图书馆出版社 1999 年版。

56. [美] 斯皮罗：《文化与人性》，徐俊等译，社会科学文献出版社 1999 年版。

57. [德] 伽达默尔：《真理与方法》上卷，洪汉鼎译，上海译文出版社 2004 年版。

58. [美] 鲁思 · 本尼迪克特：《菊与刀》，吕万和译，商务印书馆 1990 年版。

59. [德] 康德：《康德著作全集》第 4 卷，李秋零译，中国人民大学出版社 2010 年版。

60. [德] 康德：《康德著作全集》第 6 卷，李秋零译，中国人民大学出版社 2007 年版。

61. [美] 丹尼尔 · 贝尔：《资本主义文化矛盾》，赵一凡等译，生活 · 读书 · 新知三联书店 1992 年版。

62. [德] 曼海姆：《意识形态与乌托邦》，黎明译，商务印书馆 2000 年版。

二、期刊论文

1. 郭湛：《作为人之程序和取向的文化》，《哲学研究》2016 年第 9 期。

2. 张曙光：《论作为现实和理论问题的“精神”》，《哲学研究》2003 年第 12 期。

3. 李英：《从市场经济透视人的生存方式》，《清华大学学报（哲学社会科学版）》2003 年第 1 期。

4. 袁银传、杨乐强：《西方马克思主义的批判路径及其启示》，

《中国社会科学》2012 年第 23 期。

5. 袁祖社：《公共性的社会实践——生存之境与合理价值体验的发生》，《吉林大学学报（社会科学版）》2010 年第 2 期。

6. 胡海波：《正义追求的人性价值》，《东北师大学报（哲学社会科学版）》1997 年第 2 期。

7. 曾兰等：《90 后大学生精神生活的自我认知》，《中国青年研究》2015 年第 10 期。

8. 詹珊：《论恶搞行为在中国当地的大众文化中的生存形态》，《福建师范大学学报》2007 年第 1 期。

9. 唐莉：《当代中国历史虚无主义的政治诉求与双重应对》，《思想政治工作研究》2013 年第 7 期。

10. 杨金华：《论精神信仰的虚无主义困境及克服》，《桂海论丛》2013 年第 4 期。

11. 刘铁芳：《生命道德教化》，《河北师范大学学报（教育科学版）》2004 年第 2 期。

12. 韩跃红、孙书行：《人的尊严和生命的尊严释义》，《哲学研究》2006 年第 3 期。

13. 刘娟：《简论我国人格尊严实现的道德基础和法律保障》，《道德与文明》2009 年第 4 期。

14. 张曙光：《“理想”的哲学反思》，《南昌大学学报（人文社科版）》1999 年第 3 期。

15. 刘睿：《康德尊严学说研究》，武汉大学博士学位论文，2013 年。

后　记

本书写作开始于2016年春季，成稿于2019年6月，写作过程中反复修改，几易其稿。多年来，我一直从事文化哲学的教学研究工作，研究方向是马克思主义文化文明理论研究。文化哲学的教学和研究工作，使我关注的问题始终驻留在文化领域，人的文化存在方式问题、人的尊严问题、理想问题、人的精神生活问题等，都是我一直追踪和研究的问题。尤其是中国改革开放40多年取得了举世瞩目的成就，但是，中国人的素质问题却成为国际国内一个热议的负面话题。一个大国要成为强国，没有高素质的人显然是不可能的。如何提高国民素质，对这一问题的追问和思考逐渐与人的文化存在方式问题、人的尊严问题、理想问题、人的精神生活问题汇集到一起，也逐渐使我对问题的碎片化思考形成一个完整的问题，从而引发了以文化人和对人的生命的文明化问题的“系统”研究。

鉴于人的问题的复杂性，及本人的研究能力限制，为人的问题提供一种现成的答案不是本书的宗旨，为提升人的文明度提供理想的方案也不是本书的目的。本书所做的努力是，为读者提出一个重大的问题，即中国的进一步发展必须要包含人的生命文明程度的提升；同时，也把我的多年思考呈现给读者，作为进一步思考和研究的借鉴。当然，限于本人的认知水平，不足之处恳请读者批评指正。

在本书的写作过程中，我的学生们给予我很多帮助。王一涵参写了第二章的部分内容，王衍哉、王丹彤参写了第四章的部分内容。冯诗琪、赵坤、毕雪晗、付欣妍等为本书做了大量的校对工作。人民出版社吴广庆编辑对本书的出版付出了辛苦的努力，给出了很多专业性的指导。在此一并感谢！

郭凤志

2019 年 8 月 16 日

责任编辑：吴广庆
封面设计：徐 晖
责任校对：白 玥

图书在版编目（CIP）数据

以文化人的自我意识研究 / 郭凤志 著 . — 北京：人民出版社，2019.12
ISBN 978 – 7 – 01 – 021446 – 7

I. ①以… II. ①郭… III. ①自我意识 – 研究 IV. ① B844

中国版本图书馆 CIP 数据核字（2019）第 234467 号

以文化人的自我意识研究
YIWENHUAREN DE ZIWO YISHI YANJIU

郭凤志 著

人民出版社 出版发行
（100706 北京市东城区隆福寺街 99 号）

中煤（北京）印务有限公司印刷 新华书店经销

2019 年 12 月第 1 版 2019 年 12 月北京第 1 次印刷
开本：710 毫米 × 1000 毫米 1/16 印张：14.75
字数：220 千字

ISBN 978 – 7 – 01 – 021446 – 7 定价：59.00 元

邮购地址 100706 北京市东城区隆福寺街 99 号
人民东方图书销售中心 电话（010）65250042 65289539

版权所有 · 侵权必究
凡购买本社图书，如有印制质量问题，我社负责调换。
服务电话：（010）65250042